Barbara Bierach

Das dämliche Geschlecht

Barbara Bierach

Das dämliche Geschlecht

*Warum es kaum Frauen
im Management gibt*

WILEY

1. Auflage 2002
2. Auflage 2002
3. Auflage 2002

Die Deutsche Bibliothek – CIP-Einheitsaufnahme
Ein Titeldatensatz für diese Publikation ist bei
Der Deutschen Bibliothek erhältlich.

© Wiley-VCH Verlag GmbH, Weinheim, 2002

Gedruckt auf säurefreiem Papier.

Satz TypoDesign Hecker GmbH, Leimen
Druck und Bindung Ebner & Spiegel, Ulm
Umschlag Holger Windfuhr

Printed in the Federal Republic of Germany

ISBN 3-527-50026-X

Für Inge

Inhalt

Vorwort:
Und – nicht oder!

»Glück ist ein Wie, kein Was.
Ein Talent, kein Objekt.«

Hermann Hesse

Ein netter Abend bei Freunden, vier Paare sitzen um einen Tisch. Die Pasta ist verspeist, fröhliche Gespräche gehen mit ziemlich viel Wein einher. Schließlich erzählt Petra, die schon den ganzen Abend ungewöhnlich still erschien, von einem Streit mit ihrem Chef. Jetzt werden die Hausfrauen am Tisch eifrig: Immer diese rechthaberischen Männer, die frau zu nix kommen lassen. Diese ewige Glasdecke! Verschwörung der alten Jungs! Hört das denn nie auf? Petra sagt nicht mehr viel, denn eigentlich wollte sie konkrete Hilfe bei der Frage, wie sie inhaltlich mit Ihrem Chef zurecht kommen soll und nicht die immergleiche Leier hören über dominante Männer und unterdrückte Frauen. Petra denkt: Was haben eigentlich Mann- oder Frausein damit zu tun, dass mein Chef und ich uns über den sinnvollen Arbeitsablauf streiten? Aber das sagt sie nicht laut, denn sonst wäre der Abend vollends gelaufen.

Meine Freundin Jacqueline droht, durch die Magisterprüfung zu hageln. Der Professor ist schuld. Der wollte was von ihr und seitdem sie ihn abwies, ist er sauer und die versaute Prüfung ist die Rache. Eine Bekannte steht kurz davor, Partnerin in der Kanzlei zu werden, für die sie schon lange schuftet. Ihre Sorge, ob sie diesem neuerlich anwachsenden Stress gewachsen ist, löst sich über Nacht auf: Sie ist schwanger und hört erst mal für ein Jahr auf – von Partnerschaft kann keine Rede mehr sein.

Meine Schwägerin, akademisch gebildete Mutter dreier Töchter, fragt mich allen Ernstes, ob mir die Gespräche mit ihr nicht zu langweilig seien. Schließlich sei sie ja nur Hausfrau. Entweder mangelt es ihr auf Grund ihrer Rolle an Selbstvertrauen, das ist traurig. Oder sie kritisiert unterschwellig eigentlich mich: Ihr Karrierefrauen meint immer, Erziehen mache doof.

Bei Burda – einem Verlag, mit Frauentiteln wie *Elle* oder *Freundin* im Angebot – beobachtete ich wiederholt, dass Kolleginnen einander nicht das Schwarze unterm Nagel gönnen. Vordergründig wird um Fragen gestritten wie: Wer kommt mit dem Chef besser klar? Wer darf das tolle neue Projekt betreuen? Wer für die spannende Reportage nach Berlin fliegen? Hintergründig wird ein anderes Spiel gespielt. Eigentlich geht es um das Thema: Wer ist jünger, dünner, schöner?

Sie fragen sich jetzt wahrscheinlich, was mein Bekanntenkreis mit Ihnen zu tun hat. Nichts natürlich, außer, dass Sie den gleichen haben. Auch in Ihrem Freundeskreis finden sich Frauen, die – wenn irgendwas schief geht – die Schuld dafür grundsätzlich bei anderen, vorzugsweise Männern, suchen; Frauen, die emotional werden, wo eigentlich ein professioneller Auftritt angemessen wäre; Frauen, die Angst vor der Verantwortung haben und sich immer dann zurückziehen, wenn es ernst wird; Mütter, die massiv an Selbstvertrauen einbüßen, wenn sie mit einer berufstätigen Frau sprechen und dann aggressiv werden; Kolleginnen, die sich gegenseitig fertig machen, wo immer sie eine Chance dazu wittern ... Ihnen sind spontan garantiert ein paar Damen eingefallen.

Warum erzähle ich Ihnen das? Weil es in Deutschland ein letztes großes Tabu gibt. Die Leute erzählen in nachmittäglichen Talkshows im Privatfernsehen, dass sie von Sex mit ihrem Schäferhund träumen oder heimlich Windeln tragen. Heute kann man alles sagen, öffentlich, im Fernsehen. Der Satz jedoch, dass die Situation der Frauen in Deutschland zuförderst etwas mit den Frauen selbst zu tun hat, bringt ziemlich viele Leute in Rage.

Ich weiß das deswegen so genau, weil ich in der *Wirtschaftswoche* – dem Magazin, bei dem ich derzeit meine Brötchen verdiene – diesen simplen Satz mehrfach publiziert habe. Das Ergebnis war interessant. Nicht nur habe ich von jeder vierten Frauenbeauftragten in diesem Land einen Brief mit dem Tenor, ich wäre »absolut daneben« und würde mich mit den »Aggressoren identifizieren« (gemeint sind die Männer) bekommen. Der *Spiegel* ließ sich herab, meine Ansichten zu zitieren und schließlich lud die ZDF-Moderatorin Maybrit Illner mich zu einer Talkshow mit der Bundesministerin für Jugend und Familie, Christine Bergmann, und der damals noch aktiven bayerischen Ministerin für die gleichen Themen, Barbara Stamm. Beide Frauen bemühten sich, mir zu erklären, dass der alleinerziehenden Sozialhilfeempfängerin am Stadtrand unbedingt geholfen werden müsse und meine Attacken seien da ausgesprochen kontraproduktiv.

Daran ist zweierlei interessant: Wenn sich so viele Menschen über die simple Aussage aufregen, dass die Situation der Frauen in Deutschland etwas mit dem Verhalten der Frauen zu tun haben muss, trifft sie wohl einen wunden Punkt. Und warum bemühen sich zwei wichtige Ministerinnen für Frauenfragen einer kleinen Journalistin beizubiegen, dass Frauen arm und schwach sind?

Dabei tue ich nichts anderes, als Hunderte von Personalchefs in diesem Land. Ich frage mich: Warum stehen zehn Jahre nach den Trainee-Programmen – die jedes ordentliche deutsche Unternehmen mittlerweile mit einem Frauenanteil von 50 Prozent startet – die dort teuer ausgebildeten Frauen den Unternehmen nicht mehr zur Verfügung?

Die meisten Frauen glauben, die Männer sind schuld. Am Krieg, an der Kälte im Unternehmen, an der Abwesenheit der Frauen in allen wichtigen Funktionen des öffentlichen Lebens.

Ich glaube das nicht und deswegen wurde dieses Buch geschrieben. Meine These ist: Frauen sind nicht unterprivilegiert in diesem Land und unterdrückt, sondern Frauen verhalten sich häufig einfach saublöd. Gegen Frauen muss Mann sich nicht verschwören, Frauen erledigen sich schneller und gründlicher selber, als Männer das je könnten.

In den kommenden Kapiteln erläutere ich, was ich damit meine, nur Geduld. Hier sei soviel gesagt: Frauen lernen das Falsche, lesen das Falsche, wollen das Falsche und benehmen sich falsch. In dem alten Kalauer »Herren sind herrlich und Damen dämlich« steckt ein dickes Korn Wahrheit.

Dabei rede ich nicht von den schlecht ausgebildeten Frauen, die sich als alleinerziehende Mütter mit Sozialhilfe durchschlagen, und die unsere Ministerinnen für »Familie, Frauen und Gedöns« (Gerhard Schröder) zu recht so hingebungsvoll verteidigen. Gemeint sind die Akademikerinnen, die alle Voraussetzungen mitbringen, ihre Position in der Wirtschaft, Politik und Wissenschaft dieses Landes auszufüllen. Die Frauen, die nach dem Studium in einer Kanzlei, einem Krankenhaus, einem Konzern anfangen, sich nach oben durchzukämpfen – und mit Mitte 30 in einer Villa am Standrand verschwinden. Wo sind ihre Ambitionen geblieben? Und warum sind sie so unzufrieden und voller Komplexe, wenn man ihnen beim Abendessen im Freundeskreis wieder begegnet?

Dieses Buch geht mit den Frauen hart ins Gericht. Trotzdem ist es eigentlich ein Buch über Erfüllung und Selbstverantwortung. Und darüber, warum es so vielen Frauen so schwer fällt, sie zu finden.

Doch sprechen wir zunächst über Erfüllung. Mihaly Csikszentmihalyi[1] – ein ungarischer Professor an der Universitiy of Chicago, dessen Name sich ungefähr wie Tschick-sent-me-high ausspricht – hat vor zehn Jahren ein wunderbares Buch über die Frage geschrieben »Was ist Glück?«. Dabei hat er sich nicht auf die alten Philosophen verlassen, sondern ganz normale Menschen gefragt, wann sie glücklich sind. Im Lauf der Jahre haben rund 7000 Probanden in verschiedenen Teilen der Welt jeweils eine Woche lang aufgezeichnet, bei welchen Aktivitäten sie Erfüllung finden. Dabei kam Spannendes zu Tage. Erstens eine Definition für Glück und zweitens eine ziemlich gut fundierte Theorie darüber, wann und warum Menschen glücklich sind.

Glück entsteht durch Flow. Was das ist? Nun zum Beispiel das Gefühl, das ein begeisterter Skifahrer erlebt, der gerade eine wirklich schwierige Tiefschneeabfahrt souverän gemeistert hat. Das Gefühl, das ein Chirurg erlebt, der seinen Beruf liebt, wenn er sich in eine anspruchsvolle Operation vertieft, oder ein hingebungsvoller Manager mitten in einer Verhandlung. Programmierer beschreiben Flow, wenn sie an einer kniffligen Stelle ihrer Software anlangen und Lösungswege am Horizont sehen. Flow erleben wir, wenn wir etwas gerne und gut tun und wenn die Aufgabe gerade so schwer ist, dass wir sie noch eben so hinkriegen. Überforderung und Kontrollverlust erleben nahezu alle Menschen als Stress. Glück dagegen ist, wenn wir völlig konzentriert und angestrengt in einer Aufgabe aufgehen, die uns interessiert und dabei Feedback kriegen: Hallo, das funktioniert! Dann ist kein Raum mehr im Bewusstsein für Gedanken und Gefühle, die nichts mit der Sache zu tun haben. Jede Gehemmtheit schwindet, wir fühlen uns stärker als gewöhnlich. Stunden vergehen wie Minuten, das ganze Sein einer Person verschmilzt mit der einen Aufgabe.

Der Mensch ist in der Regel also selber höchst beteiligt an seinem Wohl. Ein erfülltes Leben – eben Glück – hat sehr viel mit dem zu tun, was wir im Leben machen. Zwar sagen die meisten Menschen, sie würden gerne weniger arbeiten und mehr faulenzen, aber wenn sie tatsächlich eine Woche lang aufschreiben müssen, wann sie sich richtig gut fühlen – was Mihaly Csikszentmihlayi sie gebeten hat zu tun – kommt raus: Die Wissenschaftler stießen fast nie auf Berichte von Flow-Erfahrungen bei passiven Freizeitbeschäftigungen wie Fernsehen oder Ausruhen. Aber überraschend oft auf Flow-Berichte vom Arbeitsplatz. Gefühle wie Konzentration, Kreativität und Befriedigung entstehen für die meisten Menschen im Job. Doch die Arbeit kann noch so befriedigend sein: Allein macht sie nicht glücklich. Die meisten wirklich zufriedenen Leute gaben in der Befragung an, ihnen sei die Familie wichtiger als die Karriere, auch wenn ihre täglichen Gewohnheiten ihre Äußerungen Lügen strafen. Csikszentmihalyis Untersuchungen ergaben sogar, dass Frauen Berufstätigkeit positiver erleben als Männer. Die Befragung von berufstätigen Paaren ergab, dass Frauen über mehr positive Gefühle berichten als

Männer, wenn sie am Computer arbeiteten, Konferenzen abhielten, telefonierten oder berufsbezogene Texte durcharbeiteten. Es gibt nur eine berufliche Tätigkeit, die Frauen schlechter gefällt als Männern: Wenn Sie zu Hause an Projekten arbeiten, die sie aus dem Büro mitgebracht haben. Vermutlich weil sie dort lieber die Hausarbeit machen, die sonst liegen bleibt.

Was bedeutet das alles? Wer sich auf die Entscheidung Beruf ODER Familie einlässt, schneidet sich selber eine wesentliche Quelle für sein Lebensglück ab.

Männer tun das nicht. Sie finden es normal, einen Beruf zu haben UND eine Familie. Nur Frauen akzeptieren, dass die Frage »Kind oder Karriere« ausschließlich als Frauenthema behandelt wird. Dabei hat jedes einzelne Kind dieser Welt meines Wissens einen Vater.

Die Entscheidung »Kind oder Karriere« ist gar keine. Nicht nur, weil dieses »oder« unsere Glücksmöglichkeiten einschränkt. Sondern auch, weil es ökonomisch gefährlich ist, nicht zu arbeiten (siehe Kapitel 4 »Frauen leben länger – aber wovon?«), und den Unternehmen und damit der Volkswirtschaft schadet (siehe Kapitel 11 »Bossa nova? Wenn Frauen managen, sind sie richtig gut«). Im 21. Jahrhundert ist Familie kein Heldennotausgang für Frauen mehr, wenn der Job mal wieder so verdammt fordernd ist: »Die Ehen halten ja alle nicht«, sagt Uli Borchert, eine bekannte Kölner PR-Beraterin. »Die Frauen sitzen mit den Kindern rum, die Männer langweilen sich und gehen fremd«. Selbst wenn das flapsig klingt, es ist wahr: Jede dritte Ehe wird geschieden, in Großstädten jede zweite.

Jeder muss nach seiner Fasson selig werden – aber Frauen müssen sich endlich klar darüber werden, welche ihrer Entscheidungen welche Konsequenzen nach sich ziehen. Es dauert maximal 15 Jahre bis ein Kind aus dem Gröbsten raus ist. Danach kommt es bestenfalls abends auf der Suche nach Nahrung und frischer Kleidung nach Hause. Ein weibliches Leben dauert in der Regel aber mindestens 75 Jahre. Wenn Sie mit 30 den Job drangeben, was werden Sie dann mit 45 tun? Wer da draußen wartet dann noch auf Sie – in den

Unternehmen oder auch sonst? Und glauben Sie ernsthaft, Ihre Teenager werden es Ihnen danken, dass andere Karriere gemacht haben, während Sie Ihren Schlaf bewachten? Warum kann Ihr Mann Vater sein UND erfolgreich? Wo steht, dass Sie ein schlechter Mensch sind, bloß weil Sie Mutter sind UND Anwältin, Ärztin, Personalchefin oder Kommunikationsberaterin? Und falls Sie derzeit Hausfrau sind: Wer kümmert sich um Ihre Altersvorsorge? Ist Ihnen klar, wie wenig Ihnen bleiben wird – materiell und auch sonst – falls Ihr Mann sich von Ihnen trennt, Kinder hin oder her?

Und damit sind wir bei der Selbstverantwortung angelangt. Die Situation regnet nicht einfach auf die Menschen herab, sondern jedes einzelne Leben ist die Folge von einst getroffenen Entscheidungen. Hand aufs Herz: Wer hat den größten Einfluss auf den Verlauf Ihres Lebens?

Die einzig mögliche Antwort: »Ich« ist eine der schmerzhaftesten überhaupt. Aber auch eine der schönsten: Das Wissen, für das eigene Leben selber verantwortlich zu sein, birgt eine gewaltige Chance. Es ist nicht die Aufgabe Ihres Mannes, Ihrer Kinder, Ihres Arbeitgebers, Ihres Chefs, Sie glücklich zu machen. Es ist Ihre eigene. Niemand wird dafür sorgen, dass Frauen was zu sagen haben. Es sei denn, die Frauen tun es selber.

Flow entsteht weder nur im Job, noch nur zu Hause. Glückliche Menschen haben enormes Potenzial, andere glücklich zu machen. Dasselbe gilt für unglückliche Menschen.

Noch einmal: Der Mangel an Frauen in Wirtschaft, Politik und Wissenschaft liegt vor allem am Verhalten der Frauen. Falls Sie anderer Meinung sein sollten: An ihrer Unterlegenheit liegt es jedenfalls nicht (siehe Kapitel 1: »Die Nadel im Heuhaufen oder Warum Frauen so unsichtbar sind«). Am Kinderkriegen auch nicht (siehe Kapitel 8 »Die Mutterkreuzphilosophie oder Ein Kind braucht seine Mutter«). Woran also dann?

Köln im Frühjahr 2002   *Barbara Bierach*

PS: Ich zitiere viele Frauen in diesem Buch, Hausfrauen und Berufstätige, Mütter und Singles. Manchmal liegt das Gesagte dabei schon einige Zeit zurück. Da das Leben der modernen Frau in der Regel ziemlich unruhig verläuft, ist es also durchaus möglich, dass die eine oder andere seither den Arbeitgeber oder die Branche gewechselt, ein weiteres Kind bekommen oder das Land verlassen hat. Falls das so ist, sehen Sie's mir bitte nach, denn für die Relevanz der einzelnen Statements spielt es keine Rolle.

1.
Die Nadel im Heuhaufen oder
Warum Frauen so unsichtbar sind

> *»Freiheit wird einem nicht gegeben.*
> *Man muss sie sich nehmen.«*

Meret Oppenheim

Paula und Christian lernten sich in der Kantine eines großen süddeutschen Konzerns kennen, wo er Software entwickelte, und sie freiberuflich als PR-Beraterin an einem Projekt mithalf, um sich und ihre kleine Tochter aus erster Ehe zu ernähren. Und plötzlich brach die Liebe aus. Es dauerte nicht lang und die beiden fanden ein altes Haus am Stadtrand, wo Paula sich ein Büro einrichtete. Freiberuflich arbeiten kann man schließlich überall.

Ohne dass es ihr bewusst wurde, änderte sich Paulas Leben gewaltig. Früher hatte sie mehrere Stunden am Tag telefoniert und Konzepte entworfen, jetzt schien sie die Hausarbeit völlig in Anspruch zu nehmen. Sie tauschte die Kostümchen gegen weite Flanellhemden, pflegte den Garten und die Betten und begann hingebungsvoll zu kochen. Irgendwie schien es ihr nicht mehr zu gelingen, Aufträge an Land zu ziehen. Trotzdem gaben ihr Christian und der Umzug auf's Land ein Gefühl der Sicherheit, das sie seit ihrer Kindheit nicht mehr gekannt hatte. Sie baute ein gemütliches Nest und bekam ein zweites Kind. Sie beschrieb ihr neues Leben als »richtig« – in Wirklichkeit aber meinte sie wohl »bequem und sicher«. Denn letztlich war ihr die Freiheit, die sie als alleinerziehende Karrierefrau hatte, immer ziemlich unheimlich gewesen. Ganz allmählich änderten sich ihre Erwartungen an Christian: Er war jetzt der Ernährer und sie erholte sich von den Jahren, in denen sie recht und schlecht versucht hatte, für sich selbst verantwortlich zu sein.

Ohne jedes Ritual fiel sie in die traditionelle Rolle zurück: Hausfrau und Mutter, eben diejenige, die den anderen den Rücken freihält, damit die ihre Träume leben können. Kurz, sie übernahm genau das, was sie noch vor wenigen Monaten selber als »Sklavenarbeit« bezeichnet hatte. Und es machte ihr sogar Spaß, denn Sklavenarbeit ist so wunderbar sicher. Die kann man ohne diese Angst erledigen, die mit richtigem Geldverdienen einhergeht. Im Austausch für ihre Sklavenarbeit erwartete Paula von Christian natürlich sehr bald eine Gegenleistung, nämlich ökonomische Sicherheit. Ihr Hausfrauentum war wie ein Schuldschein, den sie dem Liebsten jederzeit präsentieren konnte: Deinetwegen sitze ich hier! Unterschwellig allerdings spukte die Idee in ihrem Kopf, es sei normal, dass Christian härter arbeitet und größere Risiken auf sich nimmt, schließlich ist er ein Mann. Natürlich hatte sie in ihrem früheren Leben Simone de Beauvoir gelesen und sich über Sätze wie diesen eher amüsiert: »Frauen akzeptieren die untergeordnete Rolle, um den Anstrengungen aus dem Wege zu gehen, die mit der Gestaltung eines authentischen Lebens verbunden sind«.[1] Dass sie selber drauf und dran war, ein authentisches Leben gegen ein geliehenes zu tauschen, merkte sie jetzt aber gar nicht mehr.

Weitere drei oder vier Monate später begann Paula, Christian um Erlaubnis zu fragen, wenn sie abends in die Stadt fahren wollte, um ihre Freundin zu sehen oder sich ein paar Schuhe zu kaufen. Unvermeidlich entwickelte sich Abhängigkeit. Derweil kam Christian schnell voran, war voller Vertrauen, konnte gut mit Menschen umgehen – der Erfolg schien förmlich auf ihn zu warten. Paula dagegen nörgelte und kritisierte ihn wegen der kleinsten Kleinigkeiten, vermutlich weil sie ihn beneidete und sich im Vergleich mit ihm machtlos fühlte.

Frauen neigen dazu, ihre Aggressionen in konstanter Mäkelei auszudrücken. Ängstliche Menschen mit wenig Selbstvertrauen schaffen so gerne die Illusion, dass sie es besser machen würden, wenn man sie nur lassen würde – ungefähr wie ein Beifahrer, der dem Fahrer ständig Ratschläge erteilt. Die meisten schlechten Bei-

fahrer können allerdings gar nicht Auto fahren.[2] Die amerikanische
Autorin Colette Dowling hat ein ganzes Buch über Geschichten wie
die von Christian und Paula geschrieben. Sie kommentiert die nör-
gelnde unzufriedene Hausfrau: »Dies ist die verborgene Moral der
Schwachen (oder aller die darauf beharren, sich so zu sehen). Es ist
die Bürde der Starken, uns mitzuschleppen. Tun sie das nicht, geben wir ihnen mehr oder weniger deutlich zu verstehen, dass wir
nicht überleben werden«.[3]

Am Ende war Paulas Beziehung zu Christian völlig verkorkst – er
hatte sich schließlich in eine selbstständige, verantwortungsvolle
Frau verliebt und nicht in eine vorwurfsvolle, abhängige Hausfrau.
Und obendrein mochte Paula sich selbst nicht mehr. Dabei vertra-
ten die beiden eigentlich das gleiche Konzept – theoretisch zumindest. Beide glaubten, Frauen seien so kompetent und intelligent wie
Männer und sollten daher auch die Verantwortung für sich selbst
übernehmen. Doch aus irgendeinem Grund fühlte Paula sich
schwächer als Christian, zweifelte an ihrer körperlichen Attraktivität
und erwartete, dass Christian sie aus ihrer Misere aufhob und für sie
sorgte.

Das Ende dieser Geschichte ist offen, denn Erwachsensein bedeutet, die Wahl zu haben. Entweder wird Christian möglichst wenig zu Hause sein, um seiner Jammertante zu entkommen, geht
schließlich fremd und sucht sich eine Neue, um dasselbe Spiel mit
einer Jüngeren von vorne zu beginnen. Oder Paula kapiert, dass die
paar Jahre der Berufstätigkeit nicht der Ausflug eines frühreifen
Mädchens in ein Erwachsenenleben war, aus dessen Gefahren sie
früher oder später ein Prinz retten würde, sondern der einzige Weg,
ein wirklich erwachsenes Leben zu leben. Merke: Freiheit ist immer
auch gefährlich – und : Niemand rettet dich, wenn du es nicht selber
tust.

Frauen können nicht mehr in die alte Rolle zurück, das Weibchen
ist keine Alternative, selbst wenn wir uns das oft wünschen, weil
Frausein so anstrengend ist. Und auch der Prinz ist verschwunden
– die meisten Männer langweilen sich ziemlich schnell mit einer

Hausfrau und suchen sich dann im beruflichen Umfeld eine Neue. Mark Wössner, von 1980 bis 1998 Vorstandsvorsitzender der Bertelsmann AG, schildert ganz offen, woran seine erste Ehe zerbrach: »Wenn eine Frau über Jahre hinweg ihrem Mann zu Hause zur Seite steht, dann findet man sich nach 20 Jahren in völlig verschiedenen Welten wieder. Sie weiß alles über Kinder und Haushalt und man selbst alles über den Beruf und die Welt da draußen«.[4] Die prominentesten Beispiele der jüngeren Vergangenheit für die zerbrechenden Ehen zwischen Prinz und Aschenbrödel waren die des Aufsichtsratsvorsitzenden der Deutschen Bank, Hilmar Kopper, der sich mit seiner Kulturbeauftragten Brigitte Seebacher-Brandt davonmachte oder die von DaimlerChrysler-Chef Jürgen Schrempp, der seine Renate sitzen ließ für seine Büroleiterin Lydia Deininger.

Apropos Prinz: Gemessen an den Anforderungen der modernen Welt ist er nicht stärker, klüger oder mutiger als wir. Dennoch sind Frauen Männern unterlegen. Das weiß jeder, der je Frauen beim Tennisspielen und Einparken großer Autos beobachtet hat. In Fragen körperlicher Schnellkraft und des räumlichen Vorstellungsvermögens sind Männern einfach besser. In allen anderen Gebieten jedoch sind die Geschlechter gleichauf, Frauen sind in einigen Bereichen sogar deutlich überlegen, beispielsweise sind sie zäher und halten Schmerzen besser aus. Außerdem leben sie deutlich länger. Dass Frauen Männern intellektuell um nichts nachstehen, bedarf heute keiner weiteren Ausführungen mehr – und falls doch: Inzwischen sind über 54 Prozent der Schüler jedes Abiturjahrgangs weiblich, 1995 schrieben sich erstmals mehr weibliche als männliche Studenten ein.

Doch eigentlich muss man nur mal Business Class fliegen, sagen wir von Düsseldorf nach London und zurück, um den wirklichen Stand der Dinge zu erforschen. Jede Menge langweiliger, alter Männer in Anzügen, Frauenanteil vielleicht bei fünf Prozent. Oder offenen Auges in die Zeitung gucken: Warum findet sich in den 100 größten börsennotierten Unternehmen Deutschlands kein weibliches Vorstandsmitglied?

Der Anteil der Führungsfrauen in den Topetagen liegt dem europäischen Statistikamt Eurostat zufolge hierzuland bei ärmlichen 3,7 Prozent[5] – dabei sind 53,8 Prozent der deutschen Arbeitnehmer Frauen[6]. Chefinnen auf der zweiten, dritten Ebene? Weitgehend Fehlanzeige, die Frauenquote dümpelt seit Jahren zwischen zehn und zwölf Prozent.[7] Mittlerweile haben die Frauen im Ausbildungsniveau gewaltig nachgeholt, schon jede dritte in der Altersgruppe zwischen 20 und 30 hat heute Abitur, das ergab die Mikrozensusumfrage 2 000 des Statistischen Bundesamtes. Mit Blick auf diesen Nachwuchs argumentierten viele hoffnungsfrohe Feministen: »Die Frauen werden schon noch kommen. Erst jetzt gibt es genug Frauen mit dem Ausbildungsniveau für eine Führungsposition. Sie beginnen gerade erst den Weg durch die Institutionen«. Leider trügt wohl auch diese Hoffnung: »Die höhere Qualifikation bedeutet nicht, dass Frauen den gleichen Zugang zu Führungspositionen haben,« so Johann Halen, Präsident des Statistischen Bundesamts. In den ersten Jahren sind Frauen mit den Männern gleichauf, wenn es um die entscheidenden Jobs geht, jenseits der 30, jedoch sinkt der Frauenanteil an den Entscheidern ins Bedeutungslose.[8] Traditionell hoch ist der Anteil weiblicher Chefs nur in der Gastronomie – Putzen, Kochen, Einkaufen zu organisieren, traut frau sich offenbar zu.[9] Lange hielt sich auch die Hoffnung, dass sich Frauen wenn schon nicht in der Großindustrie, dann doch wenigstens im Mittelstand durchsetzen, weil es da einfach persönlicher zugeht und der Chef schneller kapiert, was er an wem hat. Auch dieses zarte Pflänzchen Hoffnung ist verblüht: Der Anteil weiblicher Chefs im Mittelstand ging in den vergangenen Jahren leicht zurück auf 10,8 Prozent.[10]

Auch das Geschwätz, dass Frauen dabei wären, sich über Netzwerke selber an die Macht zu befördern, darf ins Reich der Märchen verbannt werden: Selbst in der Türkei haben die Rotarier mehr weibliche Mitglieder als hier. Dass auch das schönste Vitamin B nichts bringt, liege an den Frauen selber, so zumindest äußern sich die Netzwerkerinnen: »Die Frauen wollen oft gar nicht Karriere machen«, ist von Gabriele Reich-Gutjahr, der deutschen Vorsitzenden des Netzwerks European Women's Management Development[11] zu hören.

Derselbe Eindruck drängt sich auf, wenn es um die Macht in der Politik geht: Deutschland hatte im Gegensatz zu Bangladesh, Indien, Israel, der Türkei, Großbritannien oder Norwegen noch nie einen weiblichen Regierungschef. Auch in der Wissenschaft sind Frauen weitgehend Fehlanzeige: Obwohl inzwischen die Hälfte der Studierenden weiblich ist, sind es nur neun Prozent der Professoren.[12]

Trauriges Fazit: Die Leistungsfähigkeit und Leistung der Frauen und ihre Position in der Gesellschaft klaffen meilenweit auseinander. Einer Studie der Weltbank zufolge leisten Frauen zwar zwei Drittel der Arbeit auf diesem Planeten, bekommen dafür aber nur zehn Prozent des Lohnes und besitzen nur ein Prozent des Weltvermögens. Dabei stellen Frauen rund 52 Prozent der Menschheit. Würden Frauen entschlossen Frauen wählen, wäre längst jede Demokratie fest in weichen Händen. Und entsprechend gestaltbar wären die Regeln zu Mutterschutz und Erziehungsurlaub. Frauen stellen die leistungsfähigere Mehrheit – und gelten immer noch als das schwache Geschlecht. Warum?

Die übliche Antwort auf diesen bemerkenswerten Teil der deutschen Gegenwart ist eine Verschwörungstheorie: Schuld am miesen Schicksal der Frauen sind die Männer. Genauer, das Netz der alten Jungs in Wirtschaft, Verwaltung und Wissenschaft, das dafür sorgt, dass Frauen in der Schlacht um die Karrierejobs den kürzeren ziehen, von Scheidungsrichtern benachteiligt und in der Politik nur per Quotenregelung gehört werden.

Ich denke über all die Paulas dieser Welt nach und finde: Frauen sind nicht schwach, Frauen sind nur dämlich, faul und unaufrichtig. Die akademisch vorgebildete Weiberschaft in diesem Land könnte längst die Hälfte der Chefsessel in den Ämtern, Universitäten und Unternehmen unter dem Hintern haben, wenn sie endlich handelte, statt dem Spielfeld beleidigt den Rücken zu kehren und mit einem »Die lassen uns nicht« von dannen zu ziehen.

Dämlich sind Frauen, weil sie sich nicht einfach die Hälfte des Himmels nehmen. Was wohlmeinende Studien zum weiblichen Führungsverhalten als Stärke attestieren, grenzt in vielen Fällen eher an eine »Déformation sexuelle«. Sanft, einfühlsam und team-orientiert lassen sich Frauen immer noch mit den Krümeln von den Tellern der Macht abspeisen. Es reicht in vielen Fällen, einer Frau vorzuhalten, sie sei egoistisch und machtgeil, um sie zu stoppen. Wenn Frauen über ihre Interessen wachen, gelten sie als intrigant und herrschsüchtig, wenn Männer dasselbe tun, sind sie durchset-zungs- und führungsstark. Was für Männer ein Kompliment ist, be-leidigt Frauen.

Noch immer stilisieren sich Frauen zur behinderten Minderheit, die besonderen Schutzes bedarf und verbringen ganze Seminartage mit ideologischem Geplänkel über die Abschaffung des Patriar-chats, anstatt sich – weniger visionär, aber umso wirkungsvoller – endlich pragmatisch einen möglichst großen Batzen vom Kuchen der Macht zu sichern. Frauen »verlangen zu wenig« ist auch das Fa-zit von Sonja Bischoff, Professorin an der Hochschule für Wirtschaft und Politik in Hamburg. Sie weiß, wovon sie spricht. Seit Mitte der achtziger Jahre diagnostiziert sie in regelmäßig wiederholten Groß-befragungen von Chefs und Chefinnen den Stand der Geschlech-terfrage in deutschen Unternehmen.[13]

Das traurige ist: Anderswo kriegen die Frauen ihren Anteil, auch ohne Bürgerkrieg und hospitalisierende Kinder. Die Situation der Frauen im europäischen Ausland und in den USA ist wesentlich besser als die deutscher Frauen. Ob das wohl daran liegt, dass dort nettere Männer verständnisvollere Unternehmen leiten? Unsinn. Die Frauen jenseits unserer Grenzen verhalten sich einfach anders. Was also kann Mommy besser als Mamma? Warum gibt es in Eng-land 11,2 Prozent[14] weibliche Topmanager und hier nur 3,7? Warum schaffen auch Jahrzehnte mit Frauenbeauftragten, Quotenregelun-gen und Förderprogrammen immer noch keine amerikanischen Verhältnisse? Und warum lassen sich deutsche Frauen wahnsinni-gerweise immer noch mit einem Viertel weniger Gehalt für die gleiche Arbeit abspeisen? Auch das muss keineswegs sein. Statistiken beweisen, dass es nicht nur den Schwedinnen oder Däninnen gelungen ist, wenigstens 70 Prozent der Gehälter der Männer zu erkämpfen, sondern auch den Spanierinnen und Italienerinnen. Sogar im katholischen Irland sind die Gehälter mit 70 Prozent dessen, was die Männer kriegen, fairer als im ach-so-liberalen Deutschland mit 67 Prozent.[15]

In einer europaweiten Befragung von 1 114 Frauen aus dem mittleren und oberen Management durch das Institut Lieberman Research Worldwide geben 53 Prozent der Befragten an, im Job schon mal gehindert zu werden – durch die Übertragung anspruchsloser Aufgaben beispielsweise oder Missachtung bei Beförderungen. Leider hat niemand vergleichbar viele Männer in vergleichbar guten Positionen befragt – das Ergebnis wäre nämlich dasselbe. *Alle* Arbeitnehmer erleben in regelmäßigen Abständen Zurücksetzung und Ungerechtigkeit. Die Welt ist leider schlecht – aber mitnichten nur für Menschen mit Eierstöcken. Die neigen in Deutschland nur offenbar besonders dazu, jeden Mist der ihnen widerfährt, mit ihrem Geschlecht in Verbindung zu bringen. Zumindest ist der Anteil unter den geschlechtsfixierten Beleidigten-Leberwürsten in Deutschland deutlich höher als sonst wo: Hierzulande finden nur 22 Prozent der befragten Chefinnen, sie hätten die gleichen Karrierechancen wie die männlichen Kollegen, in Frankreich dagegen sagen 32 Prozent, in Großbritannien 42, in Schweden und Polen 45 und Italien sogar 65 Prozent der Lady-Bosse: Bei gleicher Leistung auch gleiche Chance wie die Kerle.[16]

Seien wir ehrlich, das Leben in deutschen Unternehmen ist knallhart und es wird jährlich härter. Sich in der Industrie durchzusetzen, ist kein Zuckerschlecken – auch nicht für die Männer. Auch von all den hoffnungsfrohen männlichen Einsteigern endet nur ein Bruchteil in einem Vorstandsbüro. Erfolg hat viele Voraussetzungen und Hindernisse, für Männer und Frauen gleichermaßen. Unternehmen sind letztlich nur daran interessiert, ordentliches Wachstum und noch bessere Gewinne zu erzeugen. Wer ihnen die herbeischafft, ist ihnen egal. Nicht nur Frauen scheitern an dieser Aufgabe, auch jede Menge Männer. Aber ein Mann verfügt nicht über den Heldennotausgang: »Ich kriege jetzt ein Kind«. Ein Mann hat nur die Wahl, sich als Verlierer zu disqualifizieren, oder sein Berufsleben irgendwie durchzustehen. Frauen jedoch benutzen ihre Familien, um sich zurückzuziehen, ohne zugeben zu müssen, dass ihnen letztlich ein Job in der City zu anstrengend war.

Denn »Karriere« klingt glamourös, ist aber in Wirklichkeit zuvörderst harte Arbeit. Eine verantwortliche Position wirklich auszufüllen, bedeutet in den meisten Branchen 50 Stunden Arbeit die Woche, jede Menge Ringkämpfe mit Kollegen und Konkurrenten und massiven Verzicht auf's Privatleben. Vielen Frauen wird das spätestens mit Mitte 30 zu anstrengend und zu politisch. Entnervt von dem ständigen Ringkampf um Positionen und Budgets ziehen sie sich in Vorstädte zurück und werden Mutter – so wie die Paula in unserer Geschichte.

Anstatt die Ärmel hochzukrempeln und genauso hart zu arbeiten wie die Männer, flüchten sie sich in die Mär von der Glasdecke. Die besagt, dass es in jedem Unternehmen eine unsichtbare aber undurchdringliche Ebene gibt, die Frauen den Zutritt in die Chefetage verwehrt. So wahren sie ihr Gesicht als moderne Karrierefrau, obwohl sie sich ins Privatleben verdrücken. Dagegen ist auch nichts einzuwenden, es muss jeder nach seiner Fasson selig werden.

Unaufrichtig ist dieses Verhalten nur dann, wenn Frauen nicht zugeben, dass sie sich bewusst gegen Macht und Verantwortung entschieden haben. Sich erst zurückzuziehen und dann zu lamentieren, dass andere weitermachen, ist kindisch. Dieselben Frauen würden das übrigens jederzeit ihren Kindern sagen, wenn die das Fußballfeld verlassen und dann anschließend greinen, dass andere jetzt die Tore schießen. Dennoch finden 47 Prozent der westdeutschen Frauen, es sei »für alle viel besser, wenn der Mann voll im Berufsleben steht und die Frau zu Hause bleibt und sich um den Haushalt und die Kinder kümmert«.[17] Dieselben Frauen beschweren sich anschließend, dass dieses Land von Männern regiert wird.

Erfolg im Unternehmen oder im Amt unterliegt harten Regeln und Gesetzen, denen alle ausgeliefert sind: Männer und Frauen. Sich erst zu drücken und dann zu jammern, dass die Macht anderswo sitzt, ist zumindest unsportlich. Wer mitreden will, muss die Voraussetzungen dafür erfüllen. Weiblich zu sein, ist einfach nur eine nette kleine Ausrede, die Arbeit nicht zu machen.

Wann immer eine Frau an der Uni oder im Job scheitert, lag es an einem Professor, Ehemann oder Vorgesetzten, der in seiner männlichen Borniertheit schuld ist und die Frau in ihrem Schaffensdrang an die Wand gespielt hat. Wenn die Kinder dann aus dem Haus sind, und frau sich langweilt, sind wieder die Männer schuld: Und Dir habe ich meine Karriere geopfert!

Dieses anhaltende Gejammer derselben Frauen, die vorher jahrelang das Weibchen gaben, bringt nicht nur den Christian aus meinem Einstiegsbeispiel auf die Palme, sondern sogar eingefleischte Feministinnen. Die englische Auflagenmillionärin Fay Weldon, deren Bücher übrigens im wesentlichen von Frauen gelesen werden, sagt: »Wenn ihr unzufrieden seid, beschuldigt nicht eure Männer. Ich kenne viele Frauen, die glauben, dass die Männer sie vom wahren und guten Leben abhalten. Und sobald die Kinder aus dem Haus sind, trennen sie sich, leben allein – nur um festzustellen, dass das wahre Leben weiter auf sich warten lässt«.[18]

Männer finden dieses selbstzerstörerische Verhalten übrigens ausgesprochen praktisch – eine Verschwörung gegen das schwächere Geschlecht ist völlig überflüssig, denn Frauen erledigen sich in der Regel selber. Schneller und gründlicher als irgendein Männerbund das könnte.

Dabei zeigt die Geschichte, dass Frauen sich ihren Teil nehmen können, wenn sie es nur wollen: Die deutschen Kaiserinnen Theophanu und Katharina die Große (jawohl, Madame stammten aus Stettin) haben schon vor Jahrhunderten bewiesen, dass auch in Deutschland Macht und Weiblichkeit kein Widerspruch in sich sind (Falls Geschichte Sie interessiert, siehe auch Exkurs 1 »Geschichte«). In unseren Tagen tragen die Präsidentin des Bundesverfassungsgerichts Jutta Limbach oder Pamela Knapp, bei Siemens in München zuständig für die Personalentwicklung der 350 höchsten Führungskräfte des Konzerns und daher eine der einflussreichsten Frauen Deutschlands, die Fackel weiblichen Erfolgs. Auch in der deutschen Gegenwart gibt es viele Frauen, die ihren Einfluss genießen und trotzdem nicht auf ihre Weiblichkeit verzichten.

Die meisten Frauen werden jetzt einwenden, diese Vorwürfe seien unfair, schließlich kriegen immer noch wir die Kinder – und um die muss sich schließlich jemand kümmern. Dem Thema Mütter ist ein eigenes Kapitel gewidmet. Trotzdem vorab hier schon mal soviel: An der Mutterschaft alleine kann es nicht liegen, dass Frauen im öffentlichen Leben Deutschlands unterrepräsentiert sind, denn Französinnen oder Britinnen kriegen auch Kinder. Zwischen 87 und 98 Prozent der befragten Karrierefrauen in Großbritannien, Frankreich und Schweden sind gleichzeitig Mütter, während hierzulande nur 57 Prozent der Erfolgsfrauen neben Budgetverhandlung und Businesslunch auch Rotznasen abwischen.[19] Und schließlich gibt es auch in Deutschland ein Heer von Anwältinnen, Beraterinnen, Designerinnen und Managerinnen, das es sehr wohl schafft, Kinder und Karriere zu verbinden.

Aber nehmen wir einmal an, die Babypause wäre in der Frauenfrage tatsächlich kriegsentscheidend. Wäre dem so, müsste dann nicht der öffentliche Dienst vor Karrierefrauen nur so überquellen? Das deutsche Beamtenrecht ist das frauenfreundlichste der Welt, Gleichstellungsbeauftragte wachen über seine Einhaltung, fühlt frau sich übergangen, kann sie klagen. Befördert wird weitgehend nach Seniorität – und da macht es gar nichts, wenn eine mal ein paar Jahre mit Erziehung beschäftigt war.

Und erst recht an den Universitäten. Ist die Berufung auf den Professorensessel erst einmal erfolgt, ist fürs Kinderkriegen alle Zeit der Welt. Fünf Monate im Jahr sind vorlesungsfrei und sonst beträgt die Lehrverpflichtung acht Stunden in der Woche. Je nach Bundesland unterschiedlich, gibt es die Möglichkeit, Frei- oder Forschungssemester einzulegen, in denen die Zeiteinteilung allein im Gusto des

Forschenden liegt. Von einer C3- oder C4-Vergütung kann auch eine Alleinerziehende komfortabel leben. Aber nicht nur in den Unternehmen bleibt von den Frauen wenig zu sehen – weil es da auch deutlich schwieriger ist, Mutter *und* beruflich erfolgreich zu sein – sondern auch in Verwaltung und Hochschule. Der Frauenanteil im höheren Dienst der Bundesbehörden liegt bei 21 Prozent, auf Abteilungsleiterebene stellen Frauen nur 2,1 Prozent des Personals.[20]

Selbst im Freistaat Bayern, der lange Zeit grundsätzlich die Juristen mit den besten Noten einstellte und überrascht feststellen musste, dass plötzlich zwei Drittel der Einsteiger weiblich waren (in der Tat: Frauen haben in vielen Fächern die besseren Abschlusszeugnisse!) finden sich zehn Jahre später kaum weibliche Top-Beamte.

In den Unternehmen ist es ähnlich, zumindest bei der Einstellung von Nachwuchskräften. In jeder ordentlichen Firma sitzen in den Trainee-Programmen heute 50 Prozent junge Frauen. Nur zehn Jahre später stehen die meisten – sehr zum Kummer der Personalchefs übrigens – dem Unternehmen nicht mehr zur Verfügung. Mittlerweile ist es sogar so, dass Unternehmen gerne mehr Frauen auf ihren Chefsesseln hätten und sich wundern, wo sie bleiben. Barbara Schaeffer-Hegel, Vorstandsvorsitzende der Europäischen Akademie für Frauen in Politik und Wirtschaft, berichtet von vielen Anfragen »hilfesuchender Unternehmen«[21]: Wie kommt man an Frauen für Führungspositionen? Ähnliches berichten Personalberaterinnen. Christine Borneff, Mitglied der Geschäftsführung bei Spencer Stuart in Düsseldorf, beschreibt:»In den vergangenen sieben Jahren, in denen ich als Personalberaterin arbeite, waren keine fünf Prozent der Kandidaten weiblich. Und das lag weder an den mangelnden Fähigkeiten der Frauen noch daran, dass sie in den Unternehmen nicht erwünscht wären. Im Gegenteil, ich wurde oft explizit gebeten, weibliche Kandidatinnen zu präsentieren – gerade bei den Start-ups oder in der Biotech-Branche, wo Vielseitigkeit, Flexibilität und Aufbauarbeit gefragt sind. Aber auf Topmanagementebene stehen einfach keine Frauen zur Verfügung«.[22]

Apropos Start-ups und New Economy. Es ist jetzt bald zehn Jahre her, dass die berühmten US-Trendforscher Patricia Aburdene und John Naisbitt[23] den »Megatrend Frauen« heraufdämmern sahen. Ihre These lautete, dass sich in den neunziger Jahren in allen Bereichen – Politik, Sport, Wirtschaft – Frauen nicht nur durchsetzen, sondern auch das Zepter in die Hand nehmen würden. Für die Wirtschaft erwarteten die Trendforscher sehr viel von den neuen Technologien: Das enorme Wachstum in diesem Bereich würde für qualifizierte Frauen alle Möglichkeiten aufreißen. Mit dem Boom der Neuen Medien hatten Aburdene/Naisbitt recht – aber das war es dann auch schon. Weder qualifizierten sich Frauen für technische Karrieren (siehe auch Kapitel 2: »Den Kopf nur für den Friseur?: Frauen wollen, lesen und lernen das Falsche«), noch haben sie es verstanden, den Mangel an Führungskräften, der mit dem Hype einherging, für sich zu nutzen. Auch in den innovativen Unternehmen der deutschen New Economy haben die Männer das Sagen. Im September 2000 lag der Frauenanteil in dieser Branche bei 25 Prozent.[24] Im *Multimedia-Jahrbuch 2000* ist nachzulesen, dass nur bei 14,5 Prozent der New-Media-Unternehmen Frauen an der Spitze sitzen. Den Buhmann den Männern zuweisen wollen diese Frauen jedoch nicht: »Wir können doch nicht erwarten, dass die Männer uns freiwillig ihren Chefsessel anbieten«, so Jennifer Neumann, Gründerin der Canto Software in Berlin. Schuld am Mangel an Dot-com-Frauen sind die Frauen selber, finden zumindest diejenigen, die es in dieser Welt geschafft haben. »Die Vorstellung davon, was der Arbeitsmarkt in den Neuen Medien verlangt, ist bei vielen Frauen sehr ungenau und auch sehr naiv«, findet Pia Bohlen, Gründerin der Internet-Agentur Xbyte in Düsseldorf. Statt sich wie die Männer das nötige Fachwissen anzueignen, wollten Frauen lieber eine jahrelange Schulung und ein Zertifikat. »Sie denken, damit sei es getan. Aber was gebraucht wird, ist ein hohes Maß an Eigeninitiative«.[25]

Daran mangelt es offenbar nicht nur in der New Economy. Seit Jahren verlassen sich Frauen darauf, dass Quotenregelung und Frauenförderung es irgendwie schon schaffen werden, den Frauen zu einer Stimme zu verhelfen. Verwunderlich daran ist nur, dass sich offenbar nicht einmal die Frauenbeauftragten selbst fragen, warum sie in all den Jahren offenbar nichts Nennenswertes zustande gekriegt haben. Eigentlich sind die Deutschen Weltmeister im Organisieren – bei 15 Jahren Projektlaufzeit und ordentlicher Finanzierung hätte sich die Situation der Frau doch dramatisch verbessern müssen. Hat sie aber nicht. Das kann entweder daran liegen, dass Frauen gar nicht zum Jagen getragen werden wollen, oder aber daran, dass die Förderlobbyistinnen seit anno dazumal auf die falschen Spatzen zielen. Genau das ist das Herz von Sonja Bischoffs Theorie: Traditionell arbeiten die deutschen Programme nämlich an der besseren Vereinbarkeit von Beruf und Familie. Die ist aber gar nicht das Problem der Frauen, wie Bischoffs empirische Forschungsergebnisse zeigen. Sie hat 1998 zum dritten Mal – nach 1986 und 1991 – jeweils 1 000 Männer und Frauen in Führungspositionen in Deutschland befragt.[26] Ergebnis: Der Anteil der kinderlosen Frauen geht zurück! Auf der ersten Führungsebene haben die Damen heute zu knapp 60 Prozent Kinder und auf der zweiten und dritten Ebene noch zu 45 Prozent. Frauen, die auch am Kapital ihres Arbeitgebers beteiligt sind, erfreuen sich noch häufigeren Kindersegens, trotz längerer Wochenarbeitszeiten. »Ausschlaggebend für die Vereinbarkeit von Kind und Karriere ist offenbar das höhere Maß an individuell flexibler Arbeitszeit«, interpretiert Bischoff ihr Ergebnis. Aber in Deutschland wird nahezu alles dereguliert, nur nicht die Regeln für die Arbeitszeiten.

Bände spricht auch, dass Bischoffs Studien zufolge nur acht Prozent der Chefinnen in Unternehmen mit Frauenförderprogrammen arbeiten. Umgekehrt betrachtet, kommt auch kein schöneres Bild heraus: In den Unternehmen mit Fördermaßnahmen haben Frauen weder höhere Positionen noch bessere Gehälter erzielt als in denen ohne. Die Managerinnen könnten ihrerseits gut ohne das ganze Getrommel leben: Nur sieben Prozent der Frauen und zwei Prozent der Männer glauben, dass entsprechende Projekte den Frauenanteil schnell und nachhaltig erhöhen; beide Gruppen sind eher der Meinung, sie seien als »zeitgemäße PR-Maßnahmen zu interpretieren«. 31 Prozent der Befragten ist gar der Meinung, dass Damenprojekte eher die Abwehrhaltung der männlichen Entscheidungsträger fördern als das Vorankommen der Frauen.

Viel sinnvoller wäre es wohl, den Frauen endlich gleiches Geld für gleiche Arbeit zu bezahlen – schon weil sie dann leichter ihre Kinderbetreuung finanzieren könnten. Außerdem ginge dann die Diskussion abends am Küchentisch »Schatz, ich bin schwanger. Wer bleibt denn nun von uns beiden zu Hause?« nicht grundsätzlich zu ungunsten der Mütter aus. Stattdessen verdienen Frauen – wie oben schon mal ausgeführt – »auf jeder Führungsebene weniger als Männer in der gleichen hierarchischen Position«, wie Bischoff erforschte. Beispielsweise hatten 33 Prozent der befragten männlichen leitenden Angestellten über 100 000 Euro auf dem Gehaltszettel, aber nur 24 Prozent der weiblichen. Das Allerschlimmste kommt aber noch: Steigt in einem Unternehmen der Anteil der Frauen in Führungspositionen, sinkt anschließend das Einkommensniveau für Frauen *und* Männer.

Was zum Teufel haben die Damen Frauenbeauftragten bloß 20 Jahre lang gemacht?

Fazit: Jeder, ob Mann oder Frau, muss Verantwortung für das eigene Leben übernehmen, und jeder Pfad zum privaten Glück ist gleich viel wert, ob er ins Hausfrauendasein oder auf den Vorstandssessel führt. Aber: Frauen müssen sich von der kollektiven Lebenslüge »Die Männer lassen uns nicht« verabschieden. Verweigerung und Schuldzuweisungen führen nicht an die Macht. Ob eine Vorstand wird oder Hausfrau, hat vor allem etwas mit den eigenen Entscheidungen zu tun, alles andere ist ein bequeme Illusion.

2.
Den Kopf nur für den Friseur?
Frauen wollen, lesen und lernen das Falsche

*»Es ist kein kleines Kreuz, seinen Verstand
dem zu unterwerfen, der keinen hat«*

Dein Theater Stuttgart

Jesse Jackson ist Demokrat und schwarz – und er würde gerne Präsident der Vereinigten Staaten von Amerika werden. Das wird er nie, sagen die Konservativen, denn er ist schwarz. Und die Liberalen meinen: Das wird er nie, denn er hat nicht genug Erfahrung in politischen Ämtern. Ungefähr so ergeht es den Frauen. Sie kommen nicht an die wirklich wichtigen Jobs, weil sie mit denen noch keine Erfahrung haben – und die entsprechende Erfahrung machen sie nicht, weil sie die wichtigen Jobs nicht kriegen. Das Ergebnis? Echte Pyramiden-Organisationen: Je mehr Basis, desto Frau – je mehr Spitze, desto Mann. Und die mageren 3,7 Prozent Top-Führungskräfte in Deutschland, die weiblich sind, stecken meist auch noch in so genannten weichen Branchen wie Mode oder Gastronomie. Oder sie arbeiten in soften Feldern wie Personal oder Marketing. Eine EU-Studie besagt, dass 53 Prozent der Arbeitsplätze für Frauen in den Bereichen Verkauf, Sachbearbeitung im Büro und persönliche Dienstleistungen wie Kranken- oder Altenpflege sind – aber nur 15 Prozent der Arbeitsplätze der Männer.[1]

Ein Ausweg aus all der Weichheit, in der wir zu ersticken drohen wie in einer übergroßen Daunendecke? Mehr davon. Mehr Frauen überall. Auf jeder Ebene müssen für alle Beförderungen endlich Frauen zur Verfügung stehen, dann wird die eine oder andere die berühmte »Erfahrung« schon machen. Leider verschwinden unendlich viele gut ausgebildete Frauen mit Mitte 30 in den Erziehungsurlaub, aus dem nur rund die Hälfte der Frauen wieder zurückkommt, um dann häufig in nachrangigen Teilzeitjobs unterzuge-hen.[2] In anderen Worten: Jede Generation Studienabsolventinnen fängt in den Unternehmen von vorne an, von Rollenmodellen und Vorbildern keine Spur. Und die berühmten Macho-Chefs brauchen sich auch gar nicht erst an weibliche Gesichter in ihren Konferenzen zu gewöhnen.

Das zu ändern, geht nur, wenn Frauen es auch ändern wollen. Und »wollen« setzt einiges voraus: Jedes Spiel hat Regeln – mit-spielen darf nur, wer sie beherrscht. Das heißt, Frauen müssen sich endlich in den Berufen qualifizieren, die in der Wirtschaft gefragt sind.

Als Natur- und Wirtschaftswissenschaftlerinnen, Ingenieurin-nen, Juristinnen – und nicht als Germanistinnen oder Kunstge-schichtlerinnen, wie die beliebtesten Frauenfächer heißen. Bleibt die Frage: Studieren Frauen die weichen Fächer, damit sie erst gar nicht in die Verlegenheit kommen, Erfolg zu haben? Oder haben Frauen in der Privatwirtschaft so wenig Erfolg, weil sie die falschen Fächer studieren? Vermutlich beides. Mit einem Abschluss in Ang-listik wird man nicht Vorstand – egal, ob Mann oder Frau. Trotzdem stellen Frauen unbekümmert und unabänderlich die Überzahl bei den pädagogischen Fächern, der Ökotrophologie (Ernährungswis-senschaften) oder bei den Kunstgeschichtlern. In den oben genann-ten, »vernünftigen« Fächern dagegen sind sie zahlenmäßig weit ab-geschlagen.

Wer sich fürs Spiel qualifiziert hat, muss sich dann aber auch ei-nen guten Verein suchen, regelmäßig trainieren und auch zum Spiel erscheinen, wenn angepfiffen wird. Wer dann die Tore schießt, wird vom Trainer auch wieder aufgestellt und eingesetzt. Mit diesen Gesetzmäßigkeiten, die im Sport niemals irgendwer in Frage stellen würde, haben Frauen die größten Probleme, sobald es um ihr eige-nes Leben geht. Menschen verbringen ein Drittel ihrer Lebenszeit mit Schlafen und ein weiteres Drittel mit Arbeiten. Aber Frauen ge-hen häufig die Wahl eines Urlaubsortes für 14 Tage mit mehr Sorg-falt an als ihre Berufswahl.

Das mag daran liegen, dass sich Männer ihre Frauen treu (90 Prozent), zärtlich (79 Prozent) und sparsam (69 Prozent) wünschen und nicht intelligent (nur 23 Prozent!). Willensstarke Frauen sind noch weniger gefragt (18 Prozent).[3] Und offenbar lassen sich Frauen das Ausmaß und die Nutzung ihrer Intelligenz immer noch weitgehend vom Partner vorschreiben, getrieben von der Angst: »Wer im zweiten Semester noch keinen Doktor hat, muss ihn selber machen«. Ins selbe Bild passt, dass von vornherein nur 28 Prozent der weiblichen Abiturienten angeben, an einem hohen sozialen Status interessiert zu sein, aber 40 Prozent der Jungs mit Reifezeugnis. Nur rund ein Drittel der befragten Frauen steuert nach eigenen Auskünften eine leitende Stellung an, aber über die Hälfte der jungen Männer.[4]

Gedanken machen Wirklichkeit. Ein ganze Reihe von Untersuchungen belegt, dass der Intelligenzquotient von Männern in relativ enger Beziehung zu ihren Leistungen steht. Bei Frauen besteht diese Beziehung häufig nicht. Diese Diskrepanz verdeutlicht eine Langzeit-Studie der Stanford-Universität: Dort beobachten Forscher regelmäßig über 600 Kinder mit einem IQ von über 135 bis ins Erwachsenenleben. Ergebnis: Zwei Drittel der Frauen mit einem Geniewert von 170 endeten als Hausfrauen oder kleine Büroangestellte.[5] Das Material geht sehr weit zurück – die ersten Kinder wurden schon im Jahr 1941 untersucht – und ich hoffe, dass die Ergebnisse ähnlicher Untersuchungen mittlerweile anders aussehen.

Richtig geblieben ist dennoch die Beobachtung, dass Frauen über die gleiche Intelligenz verfügen wie Männer, sie aber anders einsetzen. Häufig eben nicht so, dass sie zu einem Posten führt, auf dem frau auch über den Verlauf ihres Tagwerks mitreden kann.

Häufig führt ihre Geisteskraft zu gar nichts, weil viele Frauen sich für nichts interessieren, das auch nur entfernt mit Politik, Wirtschaft oder Forschung zu tun hat – den Bereichen, in denen die wirklich wichtigen Themen diskutiert und entschieden werden. Kurzsichtigerweise lassen Frauen damit auch jeden Einfluss auf die Bereiche fahren, *die* sie vielleicht noch interessieren: Denn wieviel Geld für Soziales, Bildung und Kultur zur Verfügung gestellt wird, hängt natürlich auch von der Kraft der Wirtschaft ab und von den Entscheidungen der Politiker.

Im April 1999 – auf einem der Höhepunkte der Kosovokrise – ergab eine Untersuchung durch Renate Köcher von Institut für Demoskopie Allensbach, dass der Konflikt für 42 Prozent der Frauen kein Thema war. Generell sprechen Frauen weniger über Politik als Männer. Während sich 71 Prozent der Männer in politischen Diskussionen im privaten Kreis engagieren, tun das nur 45 Prozent der Frauen. 38 Prozent der Frauen geben an, sich bei derartigen Gesprächen aufs Zuhören zu beschränken. »Es ist bemerkenswert, wie wenig sich die Diskussionsfreude von Männern und Frauen in den vergangenen Jahrzehnten angenähert hat«, wundert sich Meinungsforscherin Köcher. In den vergangenen 30 Jahren haben Frauen in Schul- und Allgemeinbildung weitgehend gleichgezogen, aber der Anteil der Frauen, die Mitreden wollen, hat sich seit 1969 nur von 40 auf 45 Prozent erhöht. Warum? »Frauen fürchten sich vor aufgeladenen Kontroversen«, so Köcher. Nahezu jede zweite Frau hält Gespräche über Politik für einen Streitauslöser und wünscht sich lieber Harmonie.

Ach du meine Güte! Wenn Frauen nicht einmal im privaten Kreis über das sprechen möchten, was ganz wesentlich die Bedingungen betrifft, unter denen sie leben, wie sollen sie dann als Arbeitnehmer eine Meinung bilden und die formulieren? Wie sich auseinandersetzen über Projekte und Budgets?

Der Hauptgrund für die weibliche Zurückhaltung ist jedoch Desinteresse. 56 Prozent der deutschen Männer interessieren sich für Politik, aber nur 33 Prozent der Frauen. Das ist übrigens seit Jahrzehnten immer gleich und wird sich nach Meinung der Allensbach-Forscher auch nicht so bald ändern. Vollends schlecht wird einem, wenn man sich anguckt, was Frauen lesen. Von den an Flachheit kaum zu überbietenden Frauenmagazinen wie *Freundin, Elle, Gala* oder *Cosmopolitan* und *Glamour* will ich dabei gar nicht reden – denn

sie dienen der Erholung nach eines langen Tages Mühen. Artikel wie
»Hilfe, trockene Spitzen!« (gemeint sind Haare!) oder »Was Männer
im Bett wirklich wollen« (ich dachte, das wüsste nun wirklich jede)
dienen zwar nicht dem beruflichen Fortkommen, aber sie machen
Spaß. Eben weil sie so blöd sind. Sehr wohl ein Problem ist dagegen
die Nutzung der Tageszeitung. Innenpolitik lesen 61 Prozent der
Frauen, aber 76 Prozent der Männer; Außenpolitik interessiert zwei
Drittel der Männer, aber nur vier von zehn Frauen. Dieselben Untersuchungen in Amerika ergeben ein ganz anderes Bild: Uncle Sam
interessiert sich genauso stark für Politik wie Aunt Samantha. Und
in den USA sind rund 40 Prozent der Mittelmanager weiblich,[6] hier
nur zehn Prozent. Ein Schelm, wer da einen Zusammenhang sieht?

In anderen Bereichen, die die Zukunft entscheidend prägen, sind
Frauen ähnlich desinteressiert wie an der Politik. Den Wirtschafts-
teil studieren 47 Prozent der Männer, aber nur 22 Prozent der Frau-
en. Auch die Rubrik »Technik und Wissenschaft« ist seit den fünfziger Jahren unverändert eine Männerdomäne – gelesen wird sie
nur von 13 Prozent der Frauen. Riskante Techniken am liebsten
ganz verbieten möchten 52 Prozent der Frauen, aber nur 32 Prozent
der Männer.

Und was lesen Frauen stattdessen? Jede zweite konsumiert regelmäßig die Anzeigen und Leserbriefe, Berichte aus dem Alltag, also
»Vermischtes« und die Frauenseite. Kein Wunder also, wenn Männer Frauen oft nicht ernst nehmen. Sie sind einfach schlecht informiert. Oder wie Renate Köcher sich vornehmer ausdrückt: »Im Zu-
ge der Globalisierung und des technischen Fortschritts, der immer
mehr Chancen, aber auch mehr Risiken bedeutet, öffnen sich er-
kennbar neue Gräben zwischen Männern und Frauen«.[7]

Nach ihren Interessen und Kompetenzen gefragt, nennen Frauen
– in der Reihenfolge – Kochen, Körperpflege, Gesunde Ernährung,
Gastlichkeit zu Hause, Urlaub, Wohnen und Haarpflege. Erst auf
Platz 8 kommt mit dem Stichwort »Bücher« die erste Tätigkeit, die
auch nur entfernt mit Unabhängigkeit und wirtschaftlichem Erfolg
zu tun haben könnte. Männer nennen zwar auch Urlaub und CDs

wenn es um ihre Interessen und Kompetenzen geht, finden aber Versicherungen und berufliche Weiterbildung ähnlich spannend.[8] Wunderbar ins Bild passt auch, dass Super-RTL und RTL die bei den Frauen beliebtesten Fernsehsender sind – Kanäle eben mit Romanzen und US-Serien, bei denen man selten mit Ereignissen aus dem richtigen Leben belästigt wird.

Frauen wollen nicht nur das Falsche, lesen das Irrelevante, sie lernen auch das Verkehrte. Ein Drittel aller weiblichen Auszubildenden lernt einen der fünf häufigsten Frauenberufe: Bürokauffrau, Kauffrau im Einzelhandel, Arzthelferin, Friseurin und Zahnarzthelferin. Die männlichen Altersgenossen wählten hingegen eher Fertigungsberufe wie Kraftfahrzeugmechaniker, Elektroinstallateur, Maler und Lackierer, Tischler oder Gas- und Wasserinstallateur. Auch in den so zukunftsträchtigen IT-Berufen überlassen junge Frauen das Feld kampflos den Jungs: Von den Anfängern in den Datenverarbeitungsberufen waren nur 14 Prozent weiblich.[9]

Die Unternehmen hätten gerne mehr von ihrer Sorte, doch Ingenieurinnen machen sich rar. Trotz bester Berufsaussichten hat der Mädchenanteil an den technischen Studienfächern knapp die 20-Prozent-Hürde erklommen. Immerhin, jeder fünfte Ingenieur-Student ist weiblich. Die Hoffnung auf Nachwuchs für die Unternehmen schwindet jedoch schnell, wenn man genauer hinguckt. Wenn sich Frauen auf Ingenieurwissenschaften überhaupt einlassen, studieren sie meist Innenarchitektur, Architektur oder umweltschutzbezogene Fächer. Ihr Anteil an den wirklich karriereträchtigen Fächern wie Maschinenbau oder Verfahrenstechnik liegt nur bei 12,3 Prozent. Der Beruf des Elektroingenieurs scheint für die meisten Frauen eher ein Albtraum als ein Traumberuf zu sein – der Frauenanteil im entsprechenden Fach liegt gerade mal bei 4,5 Prozent.[10] Wolfgang Börtlein, Personalchef eines der größeren Werke der Robert Bosch GmbH in Reutlingen mit rund 7 000 Beschäftigten, kennt das Problem: »Ich würde liebend gerne mehr weibliche Ingenieure einstellen und dann auch befördern – aber es gibt kaum welche«.

Gerade Frauen müssen endlich kapieren: Die meisten unserer Auffassungen sind erlernt. Inuitkinder lernen, dass traniges Walross köstlich schmeckt und Navajokinder lieben geröstete Heuschrecken mit Honig. Hier ist man der Meinung, es gehe nichts über Milchreis mit Marmelade. Und dass gute Ingenieure Männer sind. In der ehemaligen DDR beispielsweise war es im Vergleich zu den alten Bundesländern dagegen ganz normal, dass Frauen sich in Ingenieurwissenschaften immatrikulierten. In der Bundesrepublik Deutschland dagegen galten und gelten immer noch Zahlen, Daten, Fakten als klassische Männerdomäne, und das merkt man auch. Im Osten der Republik sind heute 24 Prozent der angehenden Ingenieure weiblich, im Westen nur 18. Was lernen wir daraus? Unser Denken bestimmt unser Sein. Nur weil Frauen glauben, Natur- und Ingenieurwissenschaften seien eher was für Kerle, *sind* sie eher was für Kerle. Bauarbeiter ist in Russland übrigens ein typischer Frauenberuf. Ähnliche Denkblockaden gibt es offenbar für viele freie Berufe: Am häufigsten sind Frauen vertreten unter Hebammen, Krankengymnastinnen oder darstellenden Künstlern. Patentanwältinnen, Buch- und Wirtschaftsprüferinnen gibt es dagegen kaum.[11]

Der Boom der New Economy und die verzweifelte Suche nach Ingenieuren und Technikern wäre eine Riesenchance für arbeits- und aufstiegswillige Frauen gewesen. Hätten sie denn die richtige Ausbildung dafür. Von all den Computerjobs sind jedoch nur 30 Prozent in weiblichen Händen. Bleibt nur zu hoffen, dass Geschichte sich wiederholt. Denn als die Schreibmaschine erfunden wurde, glaubte man zunächst auch, dass nur gut ausgebildete Männer sie bedienen könnten. In anderen Worten: Die ersten Tippsen waren Kerle. Sobald die Schreibmaschinen auf jedem Tisch standen und klar wurde, dass jeder Heinz und Klaus sie bedienen konnte, wurde Tippen ein Frauenjob.[12]

Leider wird in der Gegenwart die Verweigerungshaltung der Frauen in Bezug auf die karriereträchtigen Themen gerne auch noch zur Tugend stilisiert. Frauen hätten eben ein besseres Gespür für die wahren Werte im Leben und würden sich schon deshalb dem Kampf um Macht und Einfluss entziehen. Einer Befragung von 1493 Berufstätigen durch das Freizeit-Forschungsinstitut der British American Tobacco muss ich beispielsweise entnehmen: »Frauen gehen bewusst auf Distanz zu berufsorientierten Lebenskonzepten: Familie, Freunde und Freizeit halten sie für genauso wichtig wie Geldverdienen, berufliche Ambition und Spaß an der Arbeit«, steht da zu lesen. »Erst Job, dann Geld – und dann erst Leben? Das gilt für viele Frauen nicht mehr«, sagt der verantwortliche Freizeitforscher Horst Opaschowski. Was er dabei übersieht: Das galt für Frauen überhaupt noch nie. Offenbar wurden die guten alten drei Ks »Kinder, Küche, Kirche« durch drei Fs ersetzt »Familie, Freunde, Freizeit« – modernere Worte für die gleichen Beschäftigungen.

Meistens wird argumentiert: Frauen können nichts werden, weil Männer ihnen in der Regel die Aufstiegschancen verwehren. Und in dem daraus resultierenden Frust, ziehen sie sich eben ins Privatleben zurück. In der gleichen BAT-Publikation steht aber zu lesen, dass fast drei Viertel *aller* Beschäftigten sich enttäuscht eingestehen, sie könnten sich in ihrer Arbeit nicht verwirklichen. »Selbstverwirklichung am Arbeitsplatz ist eine Legende und bleibt für die meisten Beschäftigten ein Wunschtraum. Viele verlagern deshalb »heimlich« ihre Verwirklichungswünsche in außerberufliche Lebensbereiche wie Hobby, Sport und Urlaubsreisen«, kommentiert Opaschowski seine Ergebnisse.

Aha. Das Leben ist also nicht nur für Frauen schwierig, auch für viele Männer. Nur wenn die sich auch ins Privatleben zurückziehen würden, wer ernährte dann die Familie? Eigentlich verwunderlich, dass die Männer sich das gefallen lassen: Madame lässt genervt den Griffel fallen und Monsieur muss weiterarbeiten bis zum Infarkt.[13] Aaron Kipnis, ein amerikanischer Therapeut stellt gar die ketzerische Frage: »Was ist mit den Frauen, die ihre Männer jeden Tag zur Arbeit schicken? Behalten sie ihre Seelen, weil sie sich nicht die Hände schmutzig machen?«.

Zumindest die erfolgreichen Frauen sind genervt von der Verweigerungshaltung ihrer Schwestern. So antwortete Christine Lagarde – eine fleischgewordene Sensation, weil sie zur Vorsitzenden des Executive Committee der globalen Anwaltskanzlei Baker & McKenzie ernannt wurde – auf die impertinente Frage eines Reporters, wie sie sich bei dem Meeting, auf dem sie zum Chef gewählt wurde, als einzige Frau unter 40 Männern fühlte: »Ich habe mich geschämt«. Auch Pamela Knapp, die Chefin der Personalentwicklung für die obersten 350 Führungskräfte des Siemens-Konzerns und damit eine der einflussreichsten Frauen der deutschen Wirtschaft meint: »Ich verstehe diese Indifferenz der Frauen einfach nicht«.

Und ich verstehe ihre Irrationalität nicht. Beispiel Stewardess, auch »fliegende Hausfrau« genannt. Der Job ist eigentlich gar nichts für Frauen: Weltweiter Einsatz, ständige Gespräche mit arroganten Geschäftsmännern, Arbeitstage von elf Stunden – gekrönt von der Notwendigkeit, fern von zu Hause im Hotel zu übernachten. Die Dienstpläne sind familienunfreundlich, die Bezahlung ziemlich traurig. Eigentlich verwunderlich, dass so viele fremdsprachenkundige Abiturientinnen Flugbegleiter werden wollen und nicht Pilotin. Die Arbeitsbedingungen wären ähnlich, aber Bezahlung, Image und Karrierechancen ungleich besser. Warum lieber »Saftschubse« (so der brancheninterne Jargon) als Steuerfrau im Cockpit? Warum lieber Stewardessen-Ballett à la »die Notausgänge sind mit dem Wort Exit gekennzeichnet« als heroische Ansagen: »In wenigen Minuten überfliegen wir Frankfurt«?

Warum ist die Mehrheit der Krankenschwestern weiblich und die Mehrheit der Ärzte männlich, obwohl der Job im Schichtdienst vergleichsweise belastend ist? »Sind Frauen selber schuld, wenn sie die falschen Berufe wählen? Oder werden sie in die besseren nicht gelassen?«, fragte der geschätzte Journalisten-Kollege Ansbert Kneip im *Spiegel* schon 1998.[14] Das ist zumindest bei der Lufthansa nicht der Fall. Seit fast 15 Jahren bildet der Kranich auch Frauen zu Piloten aus – ihr Anteil an den Bewerbungen und folglich auch an der Ausbildung liegt aber leider nur bei rund fünf Prozent.

Krankenhäuser sind zumeist Anstalten im öffentlichen Dienst, die sogar ausdrücklich dazu angehalten sind, bei Einstellungen und Beförderungen nicht zu diskriminieren. Trotzdem arbeiten da doppelt so viele männliche Ärzte, viermal so viel Oberärzte und zwölfmal so viele leitende Ärzte wie Ärztinnen. Typisch ist auch, was Werbe-Experte Reinhard Siemes im Branchenblatt *werben & verkaufen* beschreibt: Die Produzenten des schönen Scheins sind durchschnittlich 30 Jahre alt und zur Hälfte weiblich. Zum Jubel ist trotzdem kein Anlass: »Beides lässt sich leicht erklären: Je jünger desto billiger. Und je weiblicher, desto auch«. Von den Leuten in der Werbung, die über 50 000 Euro im Jahr verdienen, sind 88 Prozent männlich.[15]

Frauen haben also offenbar schon mit dem Satz »Hey Boss, ich will mehr Geld« erhebliche Probleme. Botschaft an die zumeist männlichen Chefs: Wer nicht einmal für seinen eigenen Geldbeutel zu kämpfen in der Lage ist, wird für gar nichts kämpfen. Und solange das so ist, wird sich auch trotz der vielen »-in« in den Stellenanzeigen nichts ändern: Frauen werden Bürokauffrau, Grafikerin oder Verkäuferin. Männer bleiben Geschäftsführer, Art Director und Filialleiter. Das lapidare Fazit des Kollegen Kneip: »Frauen kriegen Kinder und machen den Haushalt, Männer kriegen einen Dienstwagen und machen Karriere«.

3.
Macht ist eklig oder
Die Angst der Frauen vor der Verantwortung

> *»Der Gescheitere gibt nach! Eine traurige*
> *Wahrheit; sie begründet die Weltherrschaft*
> *der Dummheit.«*
>
> Marie von Ebner-Eschenbach

Beate Seewald ist eine erstaunliche Frau. Sie ist die Chefin des Re-
ha-Zentrums Lübben, einer Klinik für Orthopädie und Onkologie in
einem ostdeutschen Naturschutzgebiet, die sie selber geplant und
gebaut hat und nun auch betreibt. Kurz, eine Frau, die es nicht aus-
stehen kann, wenn eine nicht weiß, was sie will. Aber es gibt auch
andere. Birgit Lampe zum Beispiel, von der Europäischen Akademie
für Frauen in Politik und Wirtschaft zu Beate Seewald nach Lübben
in den Spreewald geschickt, damit sie dort lerne, wie frau auf einen
grünen Zweig kommt. Da sitzt sie nun in Lübben reserviert und
zögerlich vor ihrer neuen Chefin. Bisher hatte sie nur Erfahrung mit
Frauenforschung und Dritte-Welt-Politik – in Alternativprojekten
also, wo es sich nicht schickt, das Wort Karriere auch nur auszu-
sprechen. Danach machte sie ein Praktikum bei der UNO, wo sie
offenbar begriff, dass Macht nicht nur ein schmutziges Wort ist, sondern auch ein Werkzeug sein kann, die Welt zu verändern. Nun ist
sie im Spreewald und weiß nicht recht. Nach einem Personalge-
spräch sagt Seewald, die ein 220-Betten-Zentrum zu schmeißen hat:
»Wer seinen Job nicht bewältigt, muss weg«. Lampe schluckt. Muss
das sein?[1]

Nun, Macht und Erfolg sind nicht immer lustig. »Beginnen die
Frauen, herauszufinden, was wirklich zählt, wenn man erfolgreich
aufsteigen will, überfällt die meisten regelrechte Angst vor der Zukunft«. Mit diesem bitteren Fazit meint Beth Milwid die Macht. Die
Unternehmensberaterin, die für RHR International psychologische

Beratung für Manager anbietet, befragte 125 Frauen aus den unterschiedlichsten Berufen und Branchen zu ihrem Alltag als Arbeitnehmerinnen. Darunter Börsenmaklerinnen, Anwältinnen, Werbe- und Computerexpertinnen auf allen Stufen der Karriereleiter. Die Gespräche fanden in Unternehmen, Kanzleien, Agenturen, Hotels, Wohnzimmern und Restaurants statt. Die meisten Frauen waren zwischen 30 und 40 Jahren alt und hatten mehr als zehn Jahre Berufserfahrung. In diesen Interviews kamen ein paar wesentliche Muster zu Tage, die mehr oder weniger allen Frauen zu denken geben, egal wo und was sie arbeiten. Milwid selber schreibt: »Die berufstätigen Frauen in allen Industrieländern sehen sich in der Bewältigung ihres Berufsalltags vor ähnliche Probleme und Herausforderungen gestellt, und zwar fast mit identischen Ablaufmustern«.[2]

Ein wesentliches Thema dabei ist Macht. Für die meisten Frauen war das Problem der Machtbeziehungen im Unternehmen auch das emotional aufwühlendste. »Hier wurde die größte Bitterkeit spürbar, flossen die meisten Tränen«, so Milwid. Gefragt nach Macht, schilderten die Frauen sichtlich erregt Episode um Episode von Korruption, Erpressung, Ausnutzung, die den Alltag im Unternehmen häufig vergiften. Alle betonten, dass sie als Berufseinsteigerinnen niemals mit so viel Gier und Aggression im Geschäftsleben gerechnet hätten.

Aber, was ist das eigentlich: Macht? Die nach wie vor treffsicherste Definition stammt von dem großen Volkswirt und Soziologen Max Weber, der schon 1920 starb. Er schrieb: Macht ist die Fähigkeit, die eigenen Ziele auch gegen Widerstand durchzusetzen.[3] Macht ist also Ausdruck sozialer Ungleichheit und unterschiedlicher Befugnisse einzelner Gruppen. Bestimmte Mitglieder einer Gemeinschaft sind auf Grund ihres Status in der Lage, Einfluss auf das Verhalten der anderen auszuüben und dadurch die Richtung für alle zu bestimmen.

Folglich hat Macht von Hause aus zwei Gesichter: Sie ist einerseits nötig, um Regeln überhaupt erst aufzustellen, ohne die das Faustrecht regieren würde. Zum Selbstzweck entartet, wird sie andererseits jedoch zur gefährlichen Waffe gegen Andersdenkende.

Beruhen kann Macht auf simpler physischer Stärke – wie im Kinderzimmer: Der Große haut den Kleinen. Oder auf Wissen und Können – wie im Klassenzimmer: Der Schlauere sagt dem Dümmeren, wo es langgeht. Manchmal beruht Macht aber vor allem auf Charisma, auf der natürlichen Fähigkeit, andere führen zu können. Auf der Kommunikationsfähigkeit und dem Selbstvertrauen, im richtigen Augenblick die richtige Entscheidung zu treffen. Persönliche Autorität eben.

Glaubt man Daniel Goleman, der es mit seinen Büchern über Emotionale Intelligenz zu Weltruhm gebracht hat, ist persönliche Kompetenz der einzige Weg, über den es Menschen in Unternehmen dauerhaft zu Erfolg bringen. Seine Argumentationskette lautet wie folgt: Menschen mit hohen Intelligenzquotienten sind nachweislich nicht die erfolgreichsten im Unternehmen. Korreliert man den IQ mit dem tatsächlich erreichten Punkt auf der Karriereleiter, zeigt sich, dass intellektuelle Begabung nur 25 Prozent zum Erfolg beiträgt. Erst wenn sich ein hoher EQ – zwischenmenschliche Kompetenz, entscheidende kognitive Fähigkeiten im Umgang mit anderen, also ein hoher emotionaler Quotient – geschwisterlich zur Intelligenz, zum IQ gesellt, entsteht ein Chef. Folgt man diesem Denken – und die Millionenauflage Golemans rund um die Welt beweist, dass viele Menschen das offenbar tun – kann man nur zu einem Ergebnis kommen: Macht ist *in* einer Person, oder eben nicht. Keine friedliche Organisation kann einem Menschen Macht dauerhaft verleihen. Entweder erwerben sich Individuen aus sich heraus machtvolle Positionen qua ihrer natürlichen Autorität – oder eben nicht. Oder wie Goleman lapidar sagt: »Top Performer haben beides – IQ und EQ«.

Das sind gute Neuigkeiten, denn Golemans Theorie folgend, müssten Frauen überall längst an der Macht sein: Dass sie so intelligent sind wie Männer, steht außer Frage und überdies gelten sie ja weithin als das emotional schlauere Geschlecht: Einfühlsamer, sensibler, team- und kommunikationsfähiger. Stellvertretend für viele andere sei hier Goleman zitiert: »Frauen haben generell mehr Übung in zwischenmenschlichen Fähigkeiten als Männer, zumindest in westlichen Kulturen, wo Mädchen dazu erzogen werden, stärker auf Gefühle und ihre Nuancen zu achten als Jungen«.[4]

Tatsächlich jedoch haben Frauen alles mögliche, aber nur selten Macht. Seit 1900 sind in Deutschland die ersten Studentinnen immatrikuliert, seit 1919 haben Frauen das allgemeine Wahlrecht, doch ihr Anteil an den Top-Jobs in Wirtschaft, Politik und Wissenschaft entspricht in keiner Weise ihrem Anteil an der Bevölkerung. Das mag eng damit zusammenhängen, dass Frauen es eher mit der traditionellen Philosophie halten, die davon ausgeht, dass Macht und das Streben nach ihr dem Wesen nach böse sei. Zumindest wenn Herrschaft zum Selbstzweck gerät, ohne die Anwendung sittlicher Werte.[5] In anderen Worten: Nur durch die Anbindung an Tugenden wie Gerechtigkeit und Klugheit wird Macht sittlich gerechtfertigt. Doch Gerechtigkeit und Klugheit finden in vielen Unternehmen einfach nicht statt. Ziel eines Unternehmens ist es schließlich, finanzielle Werte (sprich: Shareholder Value) zu schaffen und nicht sittliche. Damit haben Frauen Probleme. Beispielsweise lässt Milwid eine Frau aus dem Controlling einer Fortune-500-Firma berichten: »Nachdem ich drei Tage lang in einer Strategiesitzung zur Ausarbeitung der jährlichen Unternehmensziele gesessen hatte, hatte ich es satt. Ich hatte den Eindruck, inmitten von Robotern zu sitzen, die alle nach den wichtigen Positionen in der Abteilung strebten, und dass wir hier einen dreitägigen Marathon um die Macht erlebten. Das war es auch wirklich, jeder bemühte sich, dem anderen eins auszuwischen, und war gleichzeitig drauf bedacht, selbst nichts abzubekommen. Nur der Nachbar sollte als Trottel, als Nichtskönner dastehen. Diese Typen wurden nun drei Tage lang aufeinander losgelassen, man hatte sie direkt aus den Kampfgebieten geholt. Ich fühlte mich elend, es war alles so widerwärtig, so eiskalt«.[6]

Die Essenz dieser Erfahrung – eine unter vielen, wenn man Milwid glaubt – kann eigentlich nur sein: Wir nehmen diesen Robotern die Macht ab. Denn wenn Frauen die weicheren, wärmeren Menschen sind, wäre doch Macht in femininen Händen besonders gerechtfertigt. Die Psychoanalytikerin und Bestsellerautorin Ute Ehrhardt befindet allen Ernstes: »Immer wenn Menschen miteinander reden, verhandeln oder einen Konsens suchen, sind Frauen einen Tick besser«.[7] Wenn Frauen regierten, würde die Welt besser, und ein vergleichbares Seminar allein unter Frauen wäre sowieso wesentlich angenehmer abgelaufen – oder? Offenbar trauen sich die Frauen selber nicht über den Weg. Nichts macht Frauen so viel Angst wie Macht – besonders wenn sie selber sie übernehmen sollen. Das beobachtet auch Shere Hite, die amerikanische Sexualforscherin, deren Reports zum Stand der Geschlechterbeziehungen immer wieder hohe Aufmerksamkeit erhielten. In ihrer neuesten Studie zum Thema Männer und Frauen am Arbeitsplatz schreibt sie: »Frauen werden dazu erzogen, zu geben und zu unterstützen. Wenn sie nun versuchen, selbst nach der Macht zu greifen, befürchten sie, ein gefährliches Tabu zu brechen, dafür bestraft und zurückgewiesen und als unweiblich, rücksichtslos, aggressiv oder dominant betrachtet zu werden, eine Angst, von der ihr männliches Pendant im allgemeinen nicht geplagt wird«.[8]

Leider ist das gut beobachtet, wie zwei kleine Geschichten beweisen. Bettina Querfurth, Programmleiterin beim Wiley Verlag, beschreibt das Unwohlsein an der Verantwortung mit den Worten: »Als ich zum ersten Mal nicht mehr Teil eines Teams, sondern Chefin war, hatte ich ständig Angst, dass die anderen nur aus hierarchischen Gründen tun, was ich sage und nicht, weil sie meiner Kompetenz vertrauen oder mich nett finden«.

Das kommt mir irgendwie bekannt vor, denn ich selber wurde auch einmal aus einem bestehenden Team heraus befördert und mein ehemaliger Chef wurde mein Stellvertreter. Ich starb 1 000 Tode, weil die anderen plötzlich an mich berichten mussten und ich fürchtete, dass alle eines Tages merken, was für ein armes kleines

Würstchen ich doch bin. Außerdem pflegte ich mein schlechtes Gewissen dem älteren, männlichen Kollegen gegenüber, der ins zweite Glied zurückgetreten war. Er hatte das zwar bewusst getan und schien auch ganz erleichtert, die Verantwortung wieder los zu sein, trotzdem fühlte ich mich monatelang, als würde ich Landfriedensbruch begehen und auf seinem Terrain wildern. Um den anderen zu beweisen, dass die neue Rolle legitim an mich gefallen war, machte ich so viel wie möglich selber – und wenn ich nicht drum herum kam, etwas abzugeben, prüfte ich die von Kollegen getane Arbeit dreimal nach. Kurz: Meine Unsicherheit und Kontrollsucht machten alle wahnsinnig, mich selber inklusive. In der Folge hatte ich erst recht zu kämpfen, denn das »brave Mädchen« das ich zu sein versuchte, wurde für ihre Mühen nicht geliebt. Meine Chefs interessierten sich nicht nur nicht für meine Emotionen, sondern erwarteten von mir auch noch ein straffes, effizientes Regiment und von meinem Team spannende, aktuelle Berichterstattung. Das war im »Piep, piep, piep, wir haben uns alle lieb«-Verfahren nicht zu schaffen. Ich machte also zu allen übrigen Anfängerfehlern auch noch Druck auf die Qualität und litt darunter, dass meine ehemaligen Kollegen nicht mehr so offen wie früher mit mir über die Chefredaktion und die Verlagsführung lästerten. Loben konnte ich erst recht keinen: Ich war doch eine von ihnen und hätte es als unglaubliche Arroganz empfunden, einem Mitarbeiter zu sagen »Gut gemacht«. Das fühlte sich an, als würde ich einen Erwachsenen für einen gelungenen Purzelbaum loben. Aus »eine von uns« war »die da oben, wir da unten geworden«. Eigentlich ganz normal, aber ich drohte daran zu ersticken.

Bis ich eines Tages zweierlei kapierte. Erstens: Ich bin harmoniesüchtig. Zweitens: Die anderen sind keinesfalls doof. Meine Schlussfolgerungen aus diesen an sich banalen Erkenntnissen: Erstens werden Führungskräfte nicht dafür bezahlt, geliebt zu werden, sondern dafür, Arbeit wegzuschaufeln und Probleme zu lösen. Echte Freundschaft und offene Worte von Mitarbeitern zu erwarten, ist nicht nur kindisch, sondern auch gemein, denn die anderen *müssen* sich taktisch verhalten, schließlich sitzt ein Chef tatsächlich am längeren Hebel. Wenn ein Mitarbeiter den Mut hat, zu sagen, was er denkt, umso besser. Wenn nicht, kann man's ihm nicht übel nehmen, jeder muss eben zusehen, wie er das für sich beste aus einer Hierarchie mitnimmt.

Zweitens: Die anderen sind in der Regel so schlau wie man selber, man kann ihnen durchaus zutrauen, dass sie den Job schon machen, für den sie ihr Geld kriegen. Sie zu Tode zu kontrollieren, verbessert nicht das Ergebnis, im Gegenteil. Sie dagegen zu loben, wenn sie ihren Job gut und kreativ tun, ist nicht die Überheblichkeit des Überlegenen, sondern ein Führungsinstrument, das hilft, ein Schiffchen in die richtige Richtung zu steuern.

Leider brauchte ich geschlagene 18 Monate, um an diesen Punkt zu kommen und ich wundere mich noch heute, dass meine Mitarbeiter mich in dieser Zeit irgendwie ertrugen.

Aus diesem Nähkästchen plaudere ich, weil meine Gefühle die Gefühle vieler Frauen sind, die irgendwo Macht in die Hände kriegen. Die Gespräche über das Unwohlsein mit der Verantwortung ziehen sich wie ein roter Faden durch meine Gespräche mit Kolleginnen, Freundinnen, Personalberaterinnen oder Personalchefinnen. Wenn Frauen viel Zeit am Arbeitsplatz verbringen – die sie ja sonst mit Familie und Freunden teilen würden – wird auch der Wunsch nach Liebe und Anerkennung in den Job transportiert: Vielen Frauen ist es dann offenbar wichtiger, Teil eines kuscheligen Teams zu sein, als aufzusteigen. Zunehmende Macht heißt aber in der Regel auch zunehmende Widerstände. Und Frauen die das erleben, bekommen Angst, fühlen sich schuldig, leiden darunter, exponiert zu sein, also stärker wahrgenommen zu werden. Und das schlimmste: Sie wundern sich, dass keiner sie automatisch dafür liebt, dass sie jetzt sagen, wo's langgeht. Und das ist doch das Wichtigste für Frauen: Geliebt werden.

Lachen Sie nicht über dieses alte Klischee, denn es stimmt. Auch dazu gibt es Untersuchungen. Den Beweis dafür erbrachte Matina Horner, eine Psychologin an der University of Michigan in Ann Arbor. Sie und ihr Team testeten jeweils 90 männliche und weibliche Studenten, nur um festzustellen: Frauen haben die Tendenz, sich schon bei der Aussicht auf Erfolg so zu verkrampfen, dass dadurch der Wille zum Erfolg erlischt. »Frauen, die tatsächlich etwas leisten wollen und auch dazu in der Lage sind«, sagt Horner, »leiden am stärksten unter Erfolgsangst«.[9]

Konkret ließ sie die Studenten einen Aufsatz schreiben mit dem Titel: »Anne stellt nach den Prüfungen am Ende des ersten Studienjahres fest, dass sie die beste Medizinstudentin ihres Jahrgangs ist«. Die Studenten erhielten den gleichen Satz, nur dass *John* der erfolgreichste Student war. 90 Prozent der männlichen Eleven beschäftigten sich begeistert mit der Möglichkeit einer glänzenden Karriere. Sie empfanden Erfolg nicht nur als wohltuend, sie glaubten auch, er würde Johns Chancen beim anderen Geschlecht verbessern.

65 Prozent der Studentinnen dagegen bereitete schon der Gedanke an Erfolg lähmende Angst. Sie erwarteten für Anne negative Konsequenzen wie gesellschaftliche Ablehnung und glaubten, erfolgreiche Frauen büßten ihre feminine Attraktivität ein. Matina Horner benennt den Hauptgrund für dieses geradezu perverse Verhalten: Frauen fürchten, Erfolg im Beruf gefährdet ihre Beziehung zu Männern. Fazit: »Um nicht zu riskieren, ein Leben ohne Liebe führen zu müssen, sind Frauen offensichtlich bereit, viel aufzugeben – sie brechen ihre Ausbildung ab und geben ihre Ambitionen auf«.[10] Mehr als alles andere wünschen sich die meisten Frauen einen Mann. Und diesem Wunsch wird dann alles andere untergeordnet. Fazit: Frauen wollen nichts riskieren. Wenn etwas gut geht, sind sie genau so ängstlich, als wenn ein Fehlschlag oder eine Absage bevorzustehen scheint. Etwas gut zu können und Erfolg damit zu haben, scheint ungeahnt viele Frauen regelrecht in Panik zu versetzen.

Das wirft die Frage auf: Wenn schon Erfolg Frauen so einschüchtert, was erst erleben sie emotional, wenn Erfolg sich zu Macht manifestiert? Was übrigens der normale Weg im Unternehmen ist: Wer etwas besonders gut kann, kriegt in der Regel irgendwann Verantwortung für Personal, Budgets oder Projekte oder alles auf einmal.

Hinzu kommt, dass Macht in vielen Unternehmen nicht nach der oben erwähnten »sittlichen Rechtfertigung« verteilt ist. Dort gibt es in der Regel eine Hackordnung, politische Spielchen, Begünstigungen und Zurücksetzungen, die nichts mit individueller Leistung zu tun haben. Manche Untersuchungen gehen sogar so weit, zu vermuten, dass 50 Prozent der Zeit eines Managers mit dem Versuch verloren geht, herauszufinden, was die lieben Kollegen vorhaben.

Deswegen haben viele erfolgreiche Frauen Beth Milwid berichtet, sie seien sich selber untreu, ja fast paranoid geworden, nur um im bestehenden System überleben zu können. Wobei Frauen gewissermaßen auch besonders sensibel zu sein scheinen. Dass es in vielen Unternehmen nicht zugeht, wie in einem Mädchenpensionat, ist unbestreitbar. Viele Frauen empfinden es aber offenbar schon als zweifelhaft, wenn Menschen sich einfach taktisch verhalten. Oder eins und eins zusammenzählen können. Rotraud Perner, eine Juristin und Psychotherapeutin, die seit vielen Jahren Strategieseminare für Frauen gibt, erzählt: »Ich kann mich noch genau erinnern, wie entsetzt die weiblichen – und wie überrascht die männlichen – Teilnehmer waren, als ich in einem Seminar, in dem ich Konfliktlösungsmethoden trainierte, auf den Vorwurf einer Frau ›Aber das ist ja berechnend!‹ freundlich antwortete: ›Ja, so bin ich‹«.[11]

Die Grüne Renate Künast, mittlerweile immerhin zur Bundeslandwirtschaftsministerin herangereift, fordert dagegen geradezu einen planvollen und offensiven Zugang zur Macht: »Keine Skrupel, keine falsche Scheu vor dem niederen Trieb zur Macht darf die Frauen fortan hemmen. Denn noch immer herrscht offenbar die stillschweigende Übereinkunft, dass es sich für eine Frau nicht schickt, so explizit wie der Bundeskanzler zu verkünden: ›Ja, ich will die Macht und ich habe kein schlechtes Gewissen dabei.‹ Gleichstellung ist erst an dem Tag erreicht, an dem die erste Frau nach einer Saufrunde mit ihren Freundinnen am Zaun des Kanzleramtes rüttelt und aus vollem Herzen brüllt: ›Ich will da rein!‹ – und es ein paar

Jahre später auch schafft«.[12] Dazu ist nur zu sagen: Rütteln Sie, Frau Künast, rütteln Sie.

Doch derzeit wird leider nicht gerüttelt, schon gar nicht an den Toren der großen Konzerne. In einer gigantischen Mehrheit haben Frauen leider Angst vor der Macht, weil sie einerseits an der in vielen Unternehmen herrschenden Kultur sehen, dass Macht sehr leicht missbraucht werden kann, um Konkurrenten plattzumachen und schwächere Kollegen zu demütigen. Sie halten die herrschenden Sitten ganz einfach für roh, finden dass zu viele Menschen in diesem System Schaden nehmen und dass bei dem ganzen Gezeter zu viel Energie verloren geht. Nicht zu Unrecht. Aber andererseits verstecken die Frauen mit ihrer Kritik am hässlichen Gesicht der Macht auch die eigene Unwilligkeit, mit Macht und Verantwortung umzugehen. Denn sie selber könnten sich ja Einfluss verschaffen, um dann in ihrem eigenen Bereich die moralischen Kategorien des Unternehmertums wiederzubeleben. Stattdessen bleiben sie bis auf wenige Ausnahmen lieber in der dritten Reihe und gucken, wie sich die Männer die Nasen blutig hauen.

Von denen leiden allerdings auch viele am täglichen Hauen und Stechen, was sich auch in vielen Studien der Arbeitsmediziner manifestiert: Männer sterben fast doppelt so häufig an Herz-Kreislauf-Erkrankungen wie Frauen; verschiedenen Krebsformen erliegen 50 Prozent mehr Männer und auch Schlaganfälle treffen sie häufiger. 80 Prozent der Selbstmörder sind männlich. Alkohol- und Drogenmissbrauch und ein schwerer Verlauf der sogenannten Midlife Crisis – alles weitgehend maskuline Sorgen.[13] Das alles liegt natürlich mit am Stress im Büro, dem viele Frauen sich lieber nicht dauerhaft aussetzen wollen. Viele werden jetzt einwenden: Also sind Frauen gar nicht dämlich – sondern lieber gesund, arm und machtlos als reich, krank und mächtig? Mag sein, aber dann sollten sie auch aufhören, sich darüber zu beschweren, dass die Welt von Männern regiert wird. Oder wie scherzte der amerikanische Romanautor Tim Robbins so schön? »Frauen leben länger als Männer, weil sie nicht wirklich leben«.

An den Männern liegt es jedenfalls nicht, dass so wenig Frauen im ersten Glied landen. Carly Fiorina, die Chefin der legendären Computerfirma Hewlett-Packard, streitet die berufliche Benachteiligung von Frauen jedenfalls rundweg ab: Längst gebe es keine »gläserne Decke« mehr, die jungen Managerinnen den Aufstieg versperre, nur weil sie eben Frauen seien.[14] Ähnlich äußerte sich Isabelle Parche, Finanzvorstand bei Winkler und Dünnebier, einem Hersteller von Papierverarbeitungsmaschinen: »Ich habe nicht mehr Hürden nehmen müssen, als männliche Kollegen. Manchmal sogar weniger«, sagt sie im eleganten Kostümchen und lächelt. »Wenn Sie als Frau gut sind, erinnert sich jeder an Sie, weil es so wenige gibt«.[15]

Die meisten Frauen jedoch handeln offenbar nach der Auffassung: Sollen doch die Männer sich die Hände schmutzig machen! Dann können Frauen weiterhin behaupten, dass alles besser wäre, wenn die Macht gerechter verteilt wäre. An dieser Haltung ist dreierlei merkwürdig – oder zumindest grob unfair. Erstens ist sie sachlich unrichtig: Frauen sind nicht die besseren Menschen. Zweitens münzen sie ihre Angst vor der Verantwortung zu einer Moral der Schwachen um; ein Aufstand, der – drittens – mit falschen Argumenten nur zu falschen Ergebnissen führen kann.

Doch der Reihe nach. Einerseits glauben viele Frauen offenbar ernsthaft, Frauen wären die besseren Menschen, weil einfühlsamer und teamfähiger, andererseits sind sie um keinen Preis bereit, die Verantwortung dann auch in die eigenen, besser geeigneten, verantwortungsvolleren Hände zu nehmen. Es ist leicht, auf dem Standpunkt zu beharren, Männer seien kriegerisch, kalt und dominant und neigten dazu, Macht zu missbrauchen, wenn Frauen den Beweis gar nicht erst antreten, dass sie mit ihrem Einfluss besser umgingen. Große Reden zu schwingen, war immer schon billiger, als Taten sprechen zu lassen.

Aber von dieser Heuchelei mal ganz abgesehen: Frauen sind nicht die besseren Menschen. Die Vorstellung, Männer hätten einen Killerinstinkt, der Frauen abgehe, ist weit verbreitet und beliebt, aber falsch. 1989 schrieb der amerikanische Politikprofessor Francis

Fukuyama in seinem in 20 Sprachen übersetztem Buch *Das Ende der Geschichte*, dass der zunehmende Einfluss der Frauen auf die Politik reicher westlicher Industriestaaten diese Gesellschaften gegen den Krieg einnehmen würde. Die Evolution habe nämlich dafür gesorgt, dass Gewalt, Aggression, und Statuskämpfe Teil der männlichen und nicht der weiblichen Natur seien. Fukuyama geht sogar soweit, vor den Gefahren weiblicher Friedfertigkeit zu warnen: Denn in anderen Gesellschaften führten die Massenabtreibung unerwünschter weiblicher Föten zu einer Vermännlichung und damit zu noch mehr Aggression.[16]

Nach Erscheinen des Buchs entbrannte eine wilde Diskussion, in der die Vertreter des »männlichen Mördergens« aus der Fukuyama-Schule ziemlich Prügel bezogen. Die amerikanische Journalistin Barbara Ehrenreich beschreibt beispielsweise in der Fachpublikation *Foreign Affairs*, dass sich durch die gesamte Geschichte der westlichen Welt die Angst der Männer vor dem Krieg wie ein roter Faden zieht. In vielen Gesellschaften mussten Männer mit Drogen oder religiös ausgelösten Trancezuständen überredet werden, in die Schlacht zu ziehen. Viele haben sich selber verstümmelt, um als untauglich durchzugehen. Mein eigener Vater wurde im Zweiten Weltkrieg verwundet. Er versuchte im Lazarett, den glatten Durchschuss seiner Wade mit Kupferoxid von einem alten Pfennig zu infizieren. Eine schwere Sepsis, die damals oft in einer Amputation endete, wäre ihm lieber gewesen, als zurück an die Front zu gehen. Genützt hat es nicht viel, er wurde gesund und musste weiterkämpfen.

Die Kriegsunwilligkeit meines alten Herrn ist keine Ausnahme. Schon in der ruhmreichen preußischen Armee war es verboten, Feldlager zu nah am Waldrand aufzustellen, weil sich sonst zeitweise ganze Bataillone über Nacht in Luft auflösten. Gleichzeitig hat es immer schon weibliche Krieger gegeben und die ältesten Göttinnen der Menschheit waren nicht unbedingt die nährenden Erdmütter, die sich viele Zeitgenossinnen gerne vorstellen. Die in Mesopotamien und rund ums Mittelmeer gefundenen Götterfiguren waren

Jägerinnen, die Blutopfer verlangten, oft begleitet oder repräsentiert durch Löwen oder Leoparden. Erst viel später wurden diese Amazonen-Göttinnen durch die Ehe mit einem männlichen Gott gezähmt und bekamen neue Pflichten als Hüterin der Landwirtschaft.[17]

Und von der Geschichte und akademischen Diskursen mal ganz abgesehen: Die politischen Führerinnen der Moderne machen keineswegs den Eindruck, mit dem dunklen Gesicht der Macht besondere Probleme zu haben. Über die ehemalige britische Premierministerin, Margaret Thatcher, kursierte der Spruch: Sie ist der einzige Mann im ganzen Kabinett. Sie zündelte gar mit Argentinien im Falkland-Krieg, als es innenpolitisch eng zu werden drohte. Golda Meir war als israelischer Premier keineswegs zimperlicher mit den Palästinensern als ihre Vorgänger oder Nachfolger, Indira Gandhi versuchte als indische Regierungschefin ziemlich ruppig, die Geburtenkontrolle durchzusetzen, Benazir Bhutto, in gleicher Rolle in Pakistan an die Macht gelangt, stritt wie ein Mann mit den Indern um Kaschmir.

Barbara Schäfer, eine Germanistin und Frauenforscherin, schrieb sogar ein Buch mit dem Titel *Die Wolfsfrau im Schafspelz*, in dem sie Teile der Frauenbewegung als autoritär, menschenverachtend und gewaltverherrlichend beschreibt. Sie argumentiert, dass viele Feministinnen andere – vor allem die Männer – schlecht machen, um ihre eigenen Gewaltbestrebungen zu verharmlosen. Sie sagt: Frauen »sind nicht von Natur aus friedlicher als Männer«.[18]

Mich erinnert die Kritik weiblicher Gutmenschen an den Herrschenden und an der Herrschaft an Friedrichs Nietzsches Gedanken zur Moral der Schwachen. In der *Genealogie der Moral* argumentiert er ungefähr so: Der Unterschied zwischen Gut und Böse – also die Moral, wie wir sie heute kennen – ist eine Erfindung der Priesterkaste. Eines Menschenschlags, der den ursprünglich herrschenden wilden Kämpferhorden körperlich unterlegen war und aus dieser Situation der Unterlegenheit heraus ein System brauchte, um die Starken in den Griff zu kriegen – oder besser: zu unterwerfen. Ursprünglich, in der prä-moralischen Zeit war »gut« so viel wie schön, stark, reich, kurz: vornehm und »schlecht« so viel wie arm, einfach, schwach – allerdings ohne Wertung beschrieben, als einfache Gegensätze. Durch einen »Sklavenaufstand der Moral« entwickelten die Priester Regeln, mit denen sie alles Körperliche, Starke, offen der Welt zugewandte in das schiefe Licht des Bösen stellen und verdammen konnten. »Die vom Leben Benachteiligten können sich nur dadurch gegen die Übermacht der Starken schützen, dass sie sich erstens zusammenrotten und zweitens die Werte umwerten, also die Tugenden der Starken wie Rücksichtslosigkeit, Stolz, Kühnheit, Verschwendungslust, Müßiggang usw. als Untugenden definieren und umgekehrt die habituellen Folgen ihrer Schwächen wie Demut, Mitleid, Fleiß, Gehorsam zu Tugenden erklären«, interpretiert der Philosophieprofessor und Nietzsche-Kenner Rüdiger Safranski den Gedankengang.[19] Durch die Erfindung von Konzepten wie Schuld, Gewissen und Pflicht ist es den Schwachen also gelungen, an die Macht zu kommen. Die so geschaffene Ordnung unterdrückt alles Wilde und Spontane. Folgen wir Nietzsche, besitzen nicht die Starken die Macht, sondern die Schwachen. Das Lamm besiegt den Adler.

Verstehen Sie, worauf ich hinauswill? Die Männerwelt zu verteufeln und die eigene Machtlosigkeit als moralisch höherwertig zu erklären, klingt wie das feministische Manifest. Das Problem ist bloß: Hat man Stärke und Macht erst einmal so fundamental verteufelt, kann man sie später nicht zu erringen versuchen, ohne das Gesicht zu verlieren. Hier beißt sich die Katze der Frauenbewegung in den Schwanz. Wenn Macht so eklig ist – dann müssen wir sie den Männern lassen. Wenn wir jedoch was zu sagen haben wollen – und das ist, glaube ich, der Anspruch auf den sich die meisten Frauen einigen können – dann müssen wir uns auf die Macht auch einlassen. »Schwäche kommt aus dem Glauben, man könne nicht beides sein, eine Liebende und eine Kämpferin«, schreibt Harriet Rubin in ihrem Welterfolg *Machiavelli für Frauen*. Sie beriet und betreute jahrelang amerikanische Vorstandsvorsitzende, die Fachbücher oder Biografien veröffentlichen wollten und konnte dabei aus nächster Nähe beobachten, wie mächtige Männer ticken. Das Gelernte verarbeitete sie zu einem Strategiebuch für Frauen. Einer ihrer Kernsätze lautet: »Das erste Gesetz der Principessa ist, eine Frau zu werden, die Gegensätzliches vereint. Große Krieger verstehen, dass Durchsetzungswille der Verbündete der Liebe, Konfrontation der Verbündete des Friedens und Tapferkeit der Verbündete der Verletzlichkeit ist«. Sie schreibt aber auch, dass die innere Macht einer Frau sich gegen sie selbst wendet, wenn sie nicht freigesetzt und genutzt wird: »Wie eine Schlange dreht sie sich um und beißt ihre Besitzerin«.[20] Mag sein, dass deswegen so viele Frauen im Job und in ihren Familien so unzufrieden und frustriert sind.

Der Münchner Soziologe Reinhard Kreissl ist jedoch der Meinung, dass wir uns das innere und äußere Ringen um die Macht und die Frage: »Wollen wir sie überhaupt?« genauso gut auch schenken könnten. In seinem Buch *Die ewige Zweite* schreibt er: »Wo immer es Frauen gelingt, eine gesellschaftliche Position zu erobern, sich formale Rechte zu sichern, Ansprüche in bisher männlich dominierten Bereichen durchzusetzen, dort verliert das Terrain, das sie erobert haben, an Wert.« Und: »Die Feminisierung eines gesellschaftlichen Bereichs ist der sichere Hinweis dafür, dass dieser Bereich an Bedeutung, Prestige und Macht verliert«.

Geht es um die Machtfrage, drehe sich die Welt im Kreis, der Schlagabtausch sei ein liebgewonnenes Ritual: »Frau zeigt, dass sie politisch bewusst und auf der Höhe der Zeit ist, wenn sie entsprechend argumentiert, und Mann demonstriert politische Korrektheit, wenn er den Frauenstandpunkt berücksichtigt. Neue Einsichten sind hier nicht mehr zu erwarten«.[21]

Zum Beweis vergleicht Kreissl die Frauen- mit der Arbeiterbewegung. Die Arbeiterbewegung basierte auf der moralischen Überzeugung: Die Welt ist ungerecht und die Ursache dafür liegt im Gegensatz von Arbeit und Kapital. Kapitalisten unterdrücken Arbeiter zum Zweck der Ausbeutung. Die Frauenbewegung sah das Grundübel der Gesellschaft im Gegensatz von Mann und Frau. Die Welt ist ungerecht und die Ursache dafür liegt darin, dass Männer Frauen unterdrücken, benachteiligen, ausbeuten. Ebenso wie die Arbeiterbewegung nach 36-Stunden-Woche und New Economy laufe nun die Frauenbewegung Gefahr, in der Erfolgsfalle zu verenden. Der kritische feministische Blick werde milder, so Kreissl und blicke eher auf das Erreichte zurück als nach vorn auf das noch zu Erkämpfende. Die Frauenbewegung sei damit ins Abseits geraten. »Dieses Schicksal teilt sie mit den Gewerkschaften, die als Interessensvertreter im Namen der Arbeiter sprechen, während ihnen einerseits die Mitglieder davonlaufen und sich andererseits die Arbeitswelt revolutioniert«.

Ich persönlich bin nicht der Meinung, dass die CDU als Terrain oder Hewlett-Packard als Unternehmen an Wert verlieren, bloß weil Angela Merkel respektive Carly Fiorina sie führen. Kann ich auch gar nicht sein, sonst wäre dieses Buch nicht entstanden. Trotzdem glaube ich, Kreissl behält in einem Punkt Recht: Mit dem milder werdenden weiblichen Blick. Titelgeschichten im Jahr 2001 wie die im *Spiegel*, die das »Comeback der Mutter« feiern,[22] geben mir beispielsweise sehr zu denken. Frauenbeauftragte, Quotenregelungen und Zehn-Prozent-Anteile an was auch immer als Erfolg zu feiern und nicht als Beleidigung weiblicher Intelligenz und peinliche Schlappe zu sehen, halte ich für die Arroganz des Kaninchens gegenüber der Schlange.

Der Kampf um die Macht hat gerade erst begonnen. Geführt werden muss er in den Köpfen der Frauen. Denn wie sagte Nelson Mandela 1994 in seiner Antrittsrede als Präsident Südafrikas? »Unsere größte Angst ist nicht, dass wir nicht genügen. Unsere größte Angst ist, dass wir über alle Maßen mächtig sind. Es ist unser Licht, nicht unsere Dunkelheit, die uns am meisten ängstigt. Doch sich klein zu machen, rettet die Welt nicht. Es ist nichts Kluges darin, zu schrumpfen, damit sich die Leute in deiner Gegenwart nicht unsicher fühlen. Und wenn wir unser Licht scheinen lassen, geben wir unbewusst auch anderen die Erlaubnis, dasselbe zu tun«.

Exkurs 1:
Geschichte

»Überzeugungen sind Gefängnisse«

Friedrich Nietzsche

Zu allen Zeiten gab es Frauen in Deutschland, die ihr Leben nach ihren persönlichen Standards und Vorstellungen lebten. Oft zahlten sie dafür einen hohen Preis, weil sie dank ihrer Eigenbrötlerei der Verachtung ihrer Zeitgenossen anheim fielen. Aber sie gewannen auch einiges: Erstens ihre persönliche Freiheit und zweitens Nachruhm. Heute erinnern wir uns an sie und nicht an die Moralapostel, die den Stab über sie brachen.

Kaiserin Theophanu beispielsweise regierte das Deutsche Reich acht Jahre lang und nannte sich stolz »Imperator«. Hildegard von Bingen hielt auf den Märkten der Städte zündende Reden zu den großen Fragen ihrer Zeit. Rahel Varnhagen rüttelte an den Schranken, die ihr Jahrhundert ihr als Frau und Jüdin setzte, Cosima Wagner schuf den Wagnerkult und in Bayreuth den dazugehörigen Wallfahrtsort.

Frauen wie Katharina die Große oder Rosa Luxemburg tragen eine Botschaft in die Gegenwart: Wenn es einer Frau im 18. und 19. Jahrhundert möglich war, nach den eigenen Werten zu leben, sollte das im 21. erst recht gelten. Wenn es Frauen schon vor 1 000 Jahren gelang, sich über Ausreden wie »die Männer lassen uns nicht« und »das ist nichts für eine Frau« erfolgreich hinwegzusetzen, schmecken diese Argumente schaler mit jedem Jahr, das seither vergangen ist. Die historischen Vorbilder zeigen uns aber auch, dass auf jede nervenstarke Individualistin Hunderte von Zeitgenossinnen kommen, die ganz genau wissen, was sich schickt für eine Frau und Mutter – und die alles tun, Andersdenkende daran zu hindern, einen eigenen Weg zu gehen. Wer ihnen Bedeutung schenkt, kann nur verlieren.

Natürlich hatten es die eigensinnigen Frauen der Geschichte schwerer als gleich begabte Männer. Schon der französische Schriftsteller Stendhal schrieb: »Wenn man in der Geschichte so wenig geniale Begabungen unter den Frauen findet, so kommt es daher, dass die Gesellschaft ihnen jedes Ausdrucksmittel versagt. Ein kluges Mädchen von zehn Jahren ist lebhafter und geistig durchgebildeter als sein Bruder; mit zwanzig Jahren ist aus dem jungen Burschen ein Mann von Geist geworden und aus dem Mädchen eine große, linkische Törin, die schüchtern ist und Angst vor einer Spinne hat. Schuld daran ist die Erziehung, die sie erhalten hat. Alle genialen Begabungen, die als Frauen auf die Welt kommen, sind für das Glück der Allgemeinheit verloren. Die schwerste Behinderung, mit der sie fertig werden müssen, besteht in der Erziehung, durch die sie abgestumpft werden«.

Und wer erzog all die Mädchen so, dass sie dem eigenen Bild möglichst ähnlich werden? Ihre Mütter, Großmütter und Tanten. Zum Glück jedoch gab und gibt es immer wieder Ausnahmen. Doch die Mehrheit der Frauen neigt dazu, die jeweils herrschenden Verhältnisse als gegeben hinzunehmen und die eigenen Töchter in sie hineinzuzwingen. Auch deswegen kommt die Historikerin Gabriele Hoffmann, die mit ihrem Buch *Frauen machen Geschichte* zu beweisen versucht, dass Frauen zu allen Zeiten ihren eigenen Weg finden konnten, wenn sie das denn wollten, im Nachwort zu dem bitteren Schluss: »Trotz der zahlreichen Hindernisse, die vielen Frauen, besonders Müttern, in ihrem Alltag im Wege stehen, wartet die Mehrzahl der Frauen immer noch passiv darauf, dass Abhilfe von außen kommt – als hätten Frauen keine Geschichte und Tradition erfolgreicher Kämpfe, sondern nur die Geschichte der Opfer, nur die Tradition des Duldens«. Das ist nicht wahr, und es wird Zeit, die Ausreden vieler Frauen auch als Ausreden zu brandmarken.

Daran sind allerdings leider schon ganz andere gescheitert. Dem Mut und der Beharrlichkeit der Rechtsanwältin Elisabeth Selbert beispielsweise haben wir den Artikel im Grundgesetz »Männer und Frauen sind gleichberechtigt« zu verdanken. 1948 saßen 61 Männer und vier Frauen stimmberechtigt im Parlamentarischen Rat, der verfassungsgebenden Versammlung der Bundesrepublik Deutschland. Selbert war eine davon und sie kämpfte monatelang wie eine Löwin für den Gleichberechtigungsartikel. Nach gewonnener Schlacht sagte sie: »Ich hatte gesiegt, und ich weiß nicht, ob ich Ihnen das Gefühl beschreiben kann, das ich in diesem Augenblick gehabt habe. Ich hatte einen Zipfel der Macht in meiner Hand gehabt, und diesen Zipfel der Macht, den habe ich ausgenützt, in aller Tiefe, in aller Weite, die mir theoretisch zur Verfügung stand«. Genau dieselbe Elisabeth Selbert wurde jedoch von ihren Geschlechtsgenossinnen bitter enttäuscht und musste sich bis ans Ende ihres Lebens wundern, dass andere Frauen weder den Zipfel wollten, noch ihn nützten, wenn sie ihn zufällig in die Hand bekamen. Für sie war es ein »ganz schreckliches Kapitel, dass die Frauen in den Parlamenten so unterrepräsentiert sind. Sie haben doch, ganz anders als früher, alle Rechte. Sie können sich darauf berufen. Sie müssen sich durchsetzen! Es ist mir ganz und gar unbegreiflich, warum sie es nicht tun. Doppelbelastung hin oder her«.[1]

Soviel zur Mehrheit. Doch es gab immer auch eine mutige Minderheit. Eine der ersten, die aus dem Dunkel der Geschichte leuchtet, heißt Julia Agrippina. Sie ist keine Deutsche, ganz einfach, weil Deutschland zu ihrer Lebenszeit noch nicht existierte. 15 nach Christus wird sie in Köln als Enkelin von Kaiser Augustus geboren. Ihr Vater Germanicus ist römischer Feldherr – damit gehört sie der Oberschicht des römischen Reiches an. Mit 13 wird sie das erste Mal verheiratet. Aus dieser Ehe stammt ihr Sohn Nero, der später als römischer Kaiser die ewige Stadt niederbrennen wird.

Das zweite Mal heiratet sie einen reichen Reeder und beim dritten Mal ihren Onkel Claudius, Kaiser in Rom. Durch diese Ehe wird sie zur Regentin des Römischen Reiches, was Rom – selbst nach Aussagen ihrer Gegner – zum ersten Mal seit langem wieder eine stabile Regierung verschafft. Der Geschichtsschreiber Tacitus klagt allerdings 50 Jahre später in der Rückschau: »Von nun an war das Reich völlig umgedreht, alles gehorchte einer Frau«. Die nutzte ihre Macht, um Köln – damals Colonia Claudia Ara Agrippinensum genannt – im Jahr 38 die Stadtrechte zu verleihen. Bis ins fünfte Jahrhundert nannten sich die hier wohnenden Rheinländer nach ihr Agrippinenser, bis sich später der Name Colonia durchsetzte.

Agrippinas Image wird bis heute von Begriffen wie Machtgier, Zügellosigkeit und sexuellen Ausschweifungen geprägt. Ihr war's vermutlich ziemlich gleich, schließlich regierte sie Rom. Der Preis war allerdings hoch: Nach Claudius Tod wird sie von ihrem Sohn Nero nach und nach entmachtet und schließlich im Alter von 44 Jahren umgebracht.[2]

Über 900 Jahre später unterlief einem Colonier ein folgenschwerer Fehler. Prinzessin Anna – die Tochter des Kaisers von Byzanz – soll den Sohn von Otto dem Großen heiraten. Doch Erzbischof Gero von Köln bringt 972 aus dem Osten nicht die erwünschte Prinzessin Anna mit ins Reich der Ottonen, sondern Theophanu (zwischen 950 und 955 – 991), die Nichte eines Generals, der sich mittlerweile den byzantinischen Thron mit einer Palastrevolution erputscht hat. Die kaiserlichen Ratgeber empfehlen Otto I., die falsche Braut sofort wieder nach Konstantinopel zurückzuschicken, doch die elegante kleine Adlige gefällt dem alten Kaiser, dessen sicheres Urteil über Menschen weithin gefürchtet ist. Er will von Deutschland aus ein Imperium bauen und das geht nur mit dem Segen von Byzanz. Da Theophanu aus vornehmer Familie und nun schon mal da ist, heiratet sie auch seinen Sohn Otto II. und bekommt den Titel »consors regni, particeps imperii«, was ungefähr soviel bedeutet wie »Teilhaberin der Macht«. Nach mittelalterlichen Vorstellungen ist der Kaiser die von Gott bestimmte Macht und die Kaiserin teilt diese heiligen Eigenschaften.

Auch Theophanus Schwiegermama Adelheid, die Frau von Otto dem Großen, trägt den Regentinnen-Titel, weil sie große Ländereien in Italien mit in die Ehe brachte. Im Mai 973 stirbt der alte Haudegen und Theophanus Mann Otto II. wird mit 18 Jahren Kaiser – aber

nicht Theophanu teilt seine Macht, Mutter Adelheid will mit-
regieren. Jahrelang toben zwei Machtkämpfe im Reich: einer zwischen Otto II. und verschiedenen Fürsten, die gerne selber Kaiser
würden, und ein zweiter zwischen dem Familienclan um Adelheid
und der Prinzessin aus dem Osten. Sie ist schließlich nur eine politische Aufsteigerin, dafür aber ehrgeizig und fähig, kühl und klug.
Theophanu gewinnt schließlich ihren Kampf gegen Adelheid, weil
es ihr 975 gelingt, sich mit dem Kanzler ihres Gatten zu verbünden.
Der Mann heißt Willigis, ist engster Berater des jungen Kaisers, und
wer ihn auf seine Seite zieht, hat die Macht in den Händen. Dieser
Willigis wird Theophanus Freund und Helfer, die beiden arbeiten
bis zu ihrem Tod eng zusammen. Schwiegermutter Adelheid geht
nach Italien, wo sie als Statthalterin des Kaisers ihrem Sohn den Rücken freihält.

Die Auseinandersetzungen mit den Herzögen um das Reich werden zugunsten Otto II. entschieden – sieben Jahre nach dem Tod des
Vaters herrscht wieder Frieden und eine stabile Regierung. Theophanu regiert mit – viele Erlasse und Urkunden aus der Zeit tragen
ihr Siegel – und gebiert bis 980 drei Töchter und zuletzt auch einen
Sohn, der natürlich ebenfalls Otto heißt. 981 allerdings wendet sich
das Geschick von Vater Otto, er muss gegen die Sarazenen kämpfen.
Geschwächt von diesen Auseinandersetzungen muss er Bayern und
Schwaben an andere Familien abtreten, erreicht aber immerhin,
dass sein dreijähriger Sohn auch zum Kaiser gekrönt wird – die
ottonische Dynastie scheint gesichert. Im Dezember 983 stirbt
Otto II. im Alter von 28 Jahren an der Malaria.

Jetzt hat Theophanu wirklich Probleme: Der Mann tot, an den
Nord- und Ostgrenzen des Reiches blutige Aufstände und die Nach-
richt, dass Heinrich der Zänker den kleinen Otto III. aus einem
Kloster entführt hat. Die deutschen Fürsten müssen nun entschei-
den, wer Vormund des Kindkaisers werden soll: Der altgediente
Gegenspieler von Otto II., Heinrich der Zänker, oder Theophanu?
Heinrich hilft mit Versprechungen und Bestechungen nach und wo
das nichts nützt, mit übler Nachrede. Er lässt im Adel verbreiten, die

Witwe schlafe mit Geistlichen. Theophanu greift ihrerseits zu einer List: Sie bittet König Lothar von Frankreich, ebenfalls die Vormundschaft für Klein-Otto zu beanspruchen. Die Gefahr, dass er sie zugesprochen bekommt, ist gering, denn ein französischer König wird keine Mehrheit im deutschen Adel finden. Theophanu will mit diesem Schachzug nur Heinrichs Anspruch erschüttern, seine Anhänger spalten und sich später selber wieder ins Gespräch bringen. Währenddessen macht Heinrich einen schweren Fehler: Er lässt sich von seinen Anhängern zum König wählen. Nun wenden sich viele Fürsten gegen ihn: Sie empfinden es als Treuebruch, dass er das Recht seines Mündels übergeht. Jemand der so handelt, kann nicht oberster Richter im Reich sein. Der treue Willigis führt Theophanus Truppen an und zwingt Heinrich so in die Enge, dass der gelobt, den kleinen Otto seiner Mutter zu übergeben. Nun regiert Theophanu, Willigis bleibt ihr wichtigster Ratgeber. Der Geschichtsschreiber Thietmar berichtet über sie: »Wohl war sie vom schwachen Geschlecht, doch eignete ihr Zucht und Festigkeit und ein trefflicher Lebenswandel«. Er lobt, dass sie »ihres Sohnes Herrschaft mit männlicher Wachsamkeit« wahrt. Viele andere allerdings reden weiterhin schlecht über die Kaiserin, aber dem deutschen Reich geht es gut unter Theophanu. Die Bevölkerung wächst, Handel und Verkehr blühen, Städte und Klöster werden gegründet. An vielen Orten werden romanische Dome gebaut, allein 25 im letzten Drittel des zehnten Jahrhunderts. In den Klöstern entstehen Prachthandschriften, in den Werkstätten arbeiten Elfenbeinschnitzer und Goldschmiede. Unter der Regentschaft von Theophanu kommt es zu einem Höhepunkt mittelalterlicher Kunst und auch ihr ist es zu verdanken, dass wir heute von der Blüte der ottonischen Kultur sprechen. Dass ihr kleiner Otto 995 volljährig wird, hat Theophanu nicht mehr erlebt, sie stirbt 991. Großmutter Adelheid übernimmt seine Vormundschaft und sichert das Reich, bis dieser junge Mann, den Zeitgenossen als »mirabilia mundi« – das Wunder der Welt – bezeichneten, das Zepter übernimmt. Otto III. will die byzantinische Kultur verbreiten, Lebensart unter das Volk bringen. »Er ist ein Genie der Freundschaft, zieht die hervorragendsten Männer an, die ihm begegnen – wie seine Mutter« schreibt die Historikerin Gabriele Hoffmann. »Er will alles, was sein Großvater, sein Vater und seine Mutter wollten, und noch mehr – Theophanu hat ihn stark beeinflusst«.[3]

Katharina die Große (1729 – 1796) erlitt ein ähnliches Schicksal wie Theophanu. Sie hat Großes geleistet für ihre Wahlheimat Russland, wird jedoch noch 200 Jahre nach ihrem Tod von übler Nachrede verfolgt. Doch der Reihe nach. Im Jahr 1762 besteigt die deutsche Prinzessin Sophie Friederike von Anhalt-Zerbst in Moskau den Thron der russischen Zaren und wird Katharina II. Bis zu ihrer Thronbesteigung hatten erschreckende Brutalität und Günstlingswirtschaft den Zarenhof geprägt. Doch dann beginnt die junge Deutsche mit preußischer Gründlichkeit das Land zu reformieren. Zum Amtsantritt will sich die Zeitgenossin von Maria Theresia und Friedrich dem Großen mit den Fakten vertraut machen und fragt ihren Senat, wie viel Städte Russland habe. Niemand weiß eine Antwort. Sie schlägt vor, auf einer Karte nachzusehen – der Senat besitzt keine. Das einzige, was die hohen Herren kennen, ist die drückend hohe Schuldenlast des Staates. Und so betritt Katharina das echte Russland, das der Adel bislang tunlichst vermied: Ländlich, abergläubisch, störrisch, rückständig, von Hungersnot und Leibeigenschaft geschüttelt. Sie erkennt schnell, dass sie Wohlstand schaffen muss und beginnt auf dem Land – ist Russland doch ein riesiger Agrarstaat. Sie schickt Fachleute aus, die den Boden prüfen und geeignete Anbauten empfehlen sollen, sie bringt bessere Agrartechnik aus England ins Land, regt die Anschaffung von Bienen und Seidenraupen an, lobt Prämien für hohe Erträge aus, führt neue Zuchtmethoden für Rinder und Pferde ein. Sie siedelt Tausende deutscher Bauern an der Wolga an, denen sie eigenen Grund gibt.

Sie fördert den Bergbau und beginnt Schulen und Akademien für Ingenieure zu schaffen. Sie führt die Handels- und Gewerbefreiheit ein und erlaubt jedem, eine Manufaktur zu eröffnen. Für kompliziertere Fertigungsmethoden lockt sie Ausländer – hauptsächlich

Briten – ins Land. Sie vereinheitlicht die Verwaltung und hält ihre Gouverneure in den Provinzen dazu an, eine Infrastruktur aufzubauen, Brände zu bekämpfen und dafür zu sorgen, dass Gefängnisse und Waisenhäuser anständig geführt werden. Da es im Land keinerlei Schulen gibt, gründet sie welche und – das war in ihrer Zeit verblüffend neu – sie unterrichteten nicht nur kostenlos, sondern auch Jungen *und* Mädchen. Weil es nicht nur keine Schulen, sondern auch keinerlei medizinische Versorgung gibt, gründet sie auch noch die erste medizinische Hochschule Russlands – schließlich soll jede Provinzhauptstadt ein Krankenhaus bekommen. Die Zarin arbeitet 34 Jahre lang unermüdlich, um ihre Wahlheimat grundlegend zu zivilisieren. Schon zu Lebzeiten wird ihr deshalb der Namenszusatz »die Große« angetragen, aber sie findet, über das Maß ihrer Größe solle besser die Nachwelt entscheiden. Sie selbst sagt lediglich: »Mein Kopf ist aus Eisen und sehr widerstandsfähig«.[4]

Mit dem geht sie durch die Wand und zerstört dabei jede Menge angestammter Privilegien des Adels. Das Resultat ist bekannt: Katharina wird nicht nur »die Große« genannt, sondern auch machtgeil, herrschsüchtig, egoistisch und sexuell unersättlich. Zum Teil stimmen die Vorwürfe: Tatsächlich hat sie ihren unfähigen Mann Peter beseitigen lassen, um selber den Thron zu besteigen, zum Teil wird es ihr aber auch ergangen sein wie Theophanu. Wer seine Privilegien und Monopole zugunsten anderer abgeben muss, neigt eben zu übler Nachrede.

Die verfolgte auch Caroline Schlegel-Schelling (1763 – 1809). Sie kommt als Tochter eines bekannten Göttinger Orientalisten und Theologen auf die Welt. In der offenen Atmosphäre seines Hauses, mit Studenten und Professoren und berühmten Gästen wie Lessing, Lichtenberg und Goethe bilden sich ihre Maßstäbe. Doch dann wird sie mit dem Allerweltsmediziner Böhmer verheiratet. Erschrocken bemerkt die Zwanzigjährige, dass ihre Ideale wohl ziemlich verstiegen sind. Also fügt sie sich ins bürgerliche Leben, kriegt drei Kinder – da stirbt nach vier Jahren der Mann. Auch zwei ihrer Kinder überleben nicht. Der Schmerz lässt den heftigen Wunsch nach Selbstbehauptung erwachen. Eine weitere arrangierte Ehe schlägt sie aus und zieht mit der verbleibenden Tochter Auguste zu Freunden nach Mainz. Bald nach ihrer Ankunft besetzen französische Revolutionstruppen die Stadt und rufen die Republik aus. Caroline ist begeistert. Sie macht sich mit den Ideen der bürgerlichen Revolution vertraut und diskutiert mit den Jakobinern. Doch die Katastrophe folgt auf dem Fuß: Erstens ist sie von einem jungen Franzosen schwanger und zweitens kommen die Preußen zurück – Schluss mit Revolution, persönlich wie politisch. 1793 sitzt Caroline als Vaterlandsverräterin im Knast. Ihrem Bruder gelingt es, sie freizukriegen. Doch wo sie hinkommt, fallen die Türen ins Schloss. Für die braven Bürger ist sie eine Hure. Und wenn die Moralapostel erst von ihrer Schwangerschaft erführen, wäre sie auch noch die Witwenrente los und die Vormundschaft für die Tochter. Unter falschem Namen bringt sie heimlich einen Sohn zur Welt, der jedoch bald darauf stirbt.

Am Ende ihrer Kräfte gibt das Revoluzzerlein auf: Caroline heiratet den Literaturkritiker August Wilhelm Schlegel – einen Mann, den sie nicht liebt und dem sie sich überlegen fühlt. Doch die beiden verbindet Freundschaft, und um das ungleiche Paar herum bildet sich eine Kernzelle deutscher Romantik in Jena. In einem kleinen Haus am Roten Turm bei den Schlegels versammeln sich Novalis, Ludwig Tieck und Friedrich Wilhelm Schelling, ein Genie, das schon mit 23 als Philosophieprofessor an die Jenaer Uni berufen wird. Da schlägt das Schicksal erneut zu: Caroline verliert auch ihre Tochter Auguste. Sie sieht es als Gottes Strafe, weil sie sich in den zwölf Jahre jüngeren Schelling verliebt hat. Dennoch findet sie den Mut zu einer Scheidung und einer Liebesheirat: »Göttern und Menschen zum Trotz will ich glücklich sein«, schwört sie sich. Doch das Urteil der Bürger trifft sie mit voller Breitseite: »Aus einstigen Herzensfreunden werden Feinde, die sich in immer neuen Hasstiraden gegen sie ergehen. Es gibt kaum eine Schändlichkeit, die ihr nicht zugetraut oder gar zugeschrieben wird. Unbeschreiblich die Gehässigkeit von dummen Professorenfrauen«, schreibt die Publizistin Carola Stern in einem Portrait.

Kluge Menschen machen dumme eben böse und neidisch. Bis heute gilt: Eine Frau, die nicht bereit ist, so zu leben, wie man es von Frauen erwartet, bekommt den Hass derjenigen zu spüren, die sich unterordnen. In den Augen ihrer biederen Zeitgenossinnen war Caroline egoistisch und lieblos. Ganz anders sprachen die Männer über sie: Schlegel schwärmte von ihrer »männlichen Selbständigkeit«, die sie mit »weiblicher Lieblichkeit« verbinde; Schelling sah den »schärfsten Geist« vereinigt mit dem »liebevollsten Herzen«.[5] Caroline selber mochte Frauen nicht besonders und wird auch viele mit ihrem Hochmut vergrault haben – als Ahnfrau der Feministinnen eignet sie sich nicht. Wohl aber als Idol für Individualisten.

Rahel Varnhagen (1771 – 1833) dagegen war an ihrem Lebensende eine utopische Sozialistin und Kämpferin für Menschen- und Frauenrechte und wird heute noch als Urahnin der Frauenbewegung verehrt. Dabei litt sie ein Leben lang unter dem, was sie selbst eine »infame Geburt« nennt: arm, weiblich, jüdisch.

Sie kommt als Tochter des Berliner Kaufmanns Markus Levin auf die Welt, der zu den 500 Schutzjuden Friedrichs des Großen gehört. Dennoch sind bürgerliche Freiheiten und ökonomischer Aufstieg für männliche Juden in Preußen nur möglich, wenn sie sich assimilieren, das heißt auf ihre angestammte Tradition und Kultur verzichten. Für Jüdinnen gibt es einen noch engeren Ausweg aus der Isolation: Die Heirat mit einem Christen. Aber als der Vater stirbt, gerät die Familie in Not – Rahel hat keine Mitgift. Und besonders schön ist sie auch nicht. Kein Bräutigam in Sicht und in der Firma, die der Bruder übernimmt, darf sie auch nicht mitarbeiten. Was bleibt der Ausgestoßenen anderes, als zu lesen? Sie will sich zur gebildeten Persönlichkeit erziehen, denn »auf das Selbstdenken kommt alles an«. In der Folge wird ihre kleine Stube zum Versammlungsort für tout Berlin: Die Brüder Humboldt, die Brüder Schlegel, die Brüder Tieck, dazu Schleiermacher, Jean Paul, Brentano, Chamisso und Kleist treffen sich bei ihr. Dazu kommen Wissenschaftler, Schauspieler, Beamte und Diplomaten, deren Namen heute vergessen sind. Die Intellektuellen bewundern ihren Witz und ihr kritisches Urteil, aber dennoch bleibt sie einsam und ringt um ihre Identität. Denn Rahel bleibt Jüdin, arm und unverheiratet. Sie ist in den Häusern und bei den Ehefrauen ihrer Gäste nicht willkommen, wird nicht eingeladen, gehört nicht zur Gesellschaft. Dazu kommen traurig-verkorkste Männergeschichten mit Adligen, die sich dann doch nicht trauen, eine Jüdin zu heiraten oder mit Intellektuellen, die sie zwar bewundern, aber auch fürchten, sie könnte ihnen überlegen sein. »Negerhandel, Krieg, Ehe!« schreibt sie 1803 genervt als die für sie schlimmsten Felder schreienden Unrechts auf.[6]

Der Einmarsch Napoleons nach Berlin 1806 und die darauf folgende Restauration beenden das frühromantische Experiment einer standeslosen Gesellschaft. Neue Salons entstehen jetzt, geführt von altem Adel. Die Statuten der Christlich-Teutschen Tischgesellschaft von Achim von Armin zum Beispiel verbieten Frauen, Franzosen und Juden den Zutritt. Die alten Ideale und Idealisten halten nicht, was sie einst versprachen. Die Atmosphäre ist beklemmend.

1814 – endlich zeigt sich ein Ausweg – lässt Rahel sich taufen und heiratet den 13 Jahre jüngeren August Varnhagen. Künftig bedient sie sich seiner, um ihren heißersehnten Aufstieg ins Bürgertum doch noch voranzubringen. Auch seine Karriere als Journalist und Politikberater ist wohl ihr Werk. Rahel ist jetzt Friederike Varnhagen von Ense, eine Preußin. Und muss doch feststellen, dass sie immer noch nur mit ihrem Mann gesellschaftlich geduldet wird. Allein ist sie nichts, sie selber verschwindet hinter der festgelegten Rolle, die Name, Stand und Vermögen mit sich bringen.

Das kann es nicht gewesen sein! Sie bleibt schließlich sich selber und dem eigenen Geist treu, behält auch »als Parvenü ihre Pariaqualitäten«, wie Hannah Arendt später schreibt. Die späte Rahel entwickelt politisches Bewusstsein und beginnt, für Frauen- und Menschenrechte zu kämpfen. In ihrem zweiten Berliner Salon, den sie als Beamtengattin führt, fasziniert sie ihre Gäste als glänzende Rhetorikerin. Der zweite ist so politisch, wie der erste literarisch war: Man diskutiert über Verfassung und Republik – mit Gästen wie Grillparzer, Hegel, Heine.

Da sie keinen Beruf haben durfte, gestaltet Rahel Varnhagen ihr Leben und ihre Briefwechsel als Gesamtkunstwerk. Sie will der Nachwelt berichten vom Leiden eines Menschen, dem die Gesellschaft keine Chance gibt, seine Persönlichkeit auszubilden. Ihre Essays und Briefe gab August Varnhagen 1833 erst posthum heraus – sie wurden grundlegend für die weitere Diskussion um die Emanzipation des Individuums.[7]

Rahels emanzipatorischen Kampf haben andere weitergetragen. Helene Lange beispielsweise kämpfte um den Zugang der Frauen zu Wissen und Bildung, Clara Zetkin und Lily Braun für das Recht der Frauen, zu arbeiten, Anita Augspurg für ihre sexuelle Selbstbestimmung. Bettina von Armin, Marie von Ebner-Eschenbach Ricarda Huch oder Franziska von Reventlow schrieben, Paula Modersohn-Becker malte, Clara Wieck machte Musik. Ihr Nachlass ist in ein paar Sätzen zusammengefasst: Ohne Kampf geht es nicht. Freiheit wird einem nicht gegeben, man muss sie sich nehmen. Erwarte nicht, dass andere etwas ändern. Und: Du wirst nur selten dafür geliebt, dass du die Regeln brichst.

4.
Frauen leben länger – aber wovon?
Die liebe Not mit dem Geld

»Probleme mit Geld sind besser
als Probleme ohne Geld«

Malcom Forbes

Schon mal was von Estée Lauder gehört? Von Grete Schickedanz, Aenne Burda oder Beate Uhse? Sie haben mit dem Verkauf von Cremes, Katalogmode, Schnittmustern und Sexartikeln Millionen verdient. Modeköniginnen wie Donna Karan oder Jil Sander haben sich nicht nur auf dem Laufsteg bewiesen, sondern auch auf dem Börsenparkett. Was lehrt uns das? Nun, Frau und Geld kann eine sehr gewinnträchtige Kombination sein. Kann, muss aber nicht – und in der Regel ist sie das leider auch nicht. In der Namensliste der 200 reichsten Personen der Welt finden sich nur 13 Frauen und darunter noch jede Menge Erbinnen, die ihr Geld nicht selbst verdient haben, wie Elisabeth II. oder die holländische Königin Beatrix.

Das hat natürlich auch historische Gründe: Frauen konnten jahrhundertelang weder Verträge abschließen noch Kredite aufnehmen oder Geld anlegen. Obwohl Frauen seit dem Mittelalter Anteil an Familiengewerben hatten, wurden sie weder entlohnt, noch am Gewinn beteiligt. In Deutschland war bis 1976 ein »Sparsamkeitsgebot« Teil des Bürgerlichen Gesetzbuches, um Ehemänner vor den wirtschaftlichen Ausschweifungen einer möglicherweise verschwenderischen Ehefrau zu schützen. Diese Zeiten und Gesetze sind zwar schon vor Jahrzehnten da gelandet, wo sie hingehören, auf dem Müllhaufen der Geschichte. Übrig geblieben ist dennoch der dahinterstehende Gedanke: Männer verdienen Geld und Frauen geben es aus. Und das ist schlecht, denn brave Mädchen sind sparsam und selbstlos. Im gesamten deutschen Märchenschatz findet sich keine einzige Geschichte, in der ein weibliches Wesen zu Reichtum kommt, ohne sittsam und bescheiden zu sein. Sterntaler muss bis auf das sprichwörtlich letzte Hemd alles hergeben, bevor es Münzen regnet. Nicht die schwer geschmückten bösen Schwestern bekommen den reichen Prinzen, sondern Aschenputtel, denn sie macht lieb und nett die Sklavenarbeit.

Auch in diesem Fall schaffen Gedanken Wirklichkeit: »Wir haben zwar gelernt, für den täglichen Bedarf zu sparen und entsprechend zu wirtschaften, aber abstrakte Kapitalanlagen sind bisher weniger unsere Domäne. Warum ist es sonst möglich, dass viele Frauen zwar seit Jahrzehnten die Familienkasse gewissenhaft verwalten, aber dennoch zu Geldopfern werden, wenn es sich um ihre eigenen finanziellen Belange handelt?« fragt die Wirtschaftsjournalistin Cornelia Heins.[1]

Ja warum? Und was meint Heins mit Geldopfer? Nun, sicher nicht das, was in der Kirche im Klingelbeutel landet. Sondern den Fakt, dass 80 Prozent der Rentnerinnen von ihrer zu erwartenden Rente nicht werden leben können. Oder den, dass 27 Prozent aller Ehefrauen nicht wissen, was ihr Mann verdient – und schon gar nicht, was er mit dem gemeinsamen Geld macht. 80 Prozent der Frauen verlassen sich in allen Fragen der Vermögensbildung auf einen Mann. Frauen sparen nicht, um Vermögen anzuhäufen, sondern für größere Anschaffungen und die Kinder.[2]

In der Folge geht der Wohlstand in diesem reichen Land an den meisten Frauen vorbei. Und nicht nur hier: Von den 1,3 Milliarden Menschen, die weltweit in Armut leben, sind 70 Prozent weiblich.[3] Mit mangelnder Begabung für den Umgang mit Kapital hat diese Misere übrigens nichts zu tun: Eine Studie der University of California unter 35 000 Aktionären belegt, dass Frauen die besseren Anleger sind. Sie erzielen messbar deutlich mehr Rendite als Männer.[4] Kaum verwunderlich also, dass viele der erfolgreichsten Analysten, Broker und Fondsverwalter weiblich sind. An der Wall Street war lange Zeit das Wort von Goldmann-Sachs-Investmentbankerin Abby Cohen Gesetz. Mary Meeker wurde eine der bekanntesten Analystinnen der New Economy, Anne Winblad eine bekannte Risikofinanziererin. Deutsche stehen dem nicht nach: Elisabeth Weisenhorn leitete jahrelang einen hoch profitablen Fonds bei der DWS, bevor sie sich selbstständig machte, Carola Ferstl kommentiert seit Jahren das Börsengeschehen beim Nachrichtensender ntv. Kirsten Sänger ist Abteilungsdirektorin Treasury Sales Zinsen bei der Privatbank HSBC Trinkaus & Burkhardt in Düsseldorf, wo sie Firmenkunden und institutionelle Anleger betreut. Sie sagt über weibliche Banker: »Frauen verzichten lieber mal auf ein schnelles Geschäft, um eine langfristig profitable Kundenbeziehung aufzubauen. Insofern verhalten sie sich im Hinblick auf die Kunden strategischer und sind mittelfristig damit auch erfolgreicher als Männer. Das ist in einem so profitorientierten Umfeld wie dem unseren auch leicht in Zahlen zu messen und von daher auch unter den männlichen Kollegen unbestritten«.[5]

Misswirtschaft ist keinesfalls ein weibliches Problem: Unter den Selbstständigen gehen beispielsweise weitaus weniger Frauen pleite als Männer. Und eines der erfolgreichsten Entwicklungsprojekte der Welt hat auch damit zu tun, dass Frauen intelligent wirtschaften: Seit vielen Jahren vergibt die Grameen-Bank in Bangladesh Kleinkredite an Frauen, denen oft nur ein paar Dollar fehlen, um sich selbstständig zu machen oder sich aus Schuldknechtschaft freizukaufen. Der Erfinder der Grameen-Bank, der Wirtschaftsprofessor Muhammad Yunus, lernte dabei, dass Frauen ihren Kredit zum eigenen und der Familie Wohl einsetzen, indem sie zum Beispiel eine Nähmaschine kaufen und künftig als Schneiderin arbeiten, während Männer eher dazu tendieren, sich ein Statussymbol wie zum Beispiel ein Mofa zuzulegen, mit dem sie nichts weiter zum Familieneinkommen beitragen. Und Yunus weiß: Frauen zahlen das Geld pünktlich und verzinst zurück, weil sie ihrerseits wissen, dass damit wieder eine andere Frau Kredit finden wird. Mittlerweile haben in Bangladesch so über 2,4 Millionen Frauen damit begonnen, sich selbst und ihre Kinder aus dem Elend zu schaufeln. Und das Konzept der Bank wird mittlerweile in vielen anderen Entwicklungsländern kopiert.[6]

Frauen können also sehr wohl mit eigenem Geld umgehen, selbst wenn sie ansonsten Analphabeten sind – wenn sie denn wollen. Damit sind wir erneut an einem Punkt, an dem deutlich wird, dass Frauenarmut zumindest in reichen Industriestaaten wie Deutschland auch mit dem dummen Verhalten und der Verweigerung der Mehrheit der Frauen zu tun hat, endlich Verantwortung für sich selbst zu übernehmen. Ein Heer von ihnen interessiert sich offenbar tatsächlich höchstens fürs Geldausgeben, aber nicht fürs Geldverdienen und schon gar nicht fürs Geldanlegen. Vom Kleingedruckten in Versicherungsverträgen ganz zu schweigen. »Ständig höre ich: ›Ich bin zu beschäftigt, um mich um mein Geld zu kümmern‹. Oder: ›Ich kann mit Geld nicht umgehen‹«, beschreibt Bodo Schäfer, ein Bestsellerautor und Anlageguru seine Konversationen mit Frauen über Geld.[7] Helma Sick, die Finanzberatung nur für Frauen anbietet, erlebt auch oft, dass Frauen mit ihrem Erbe ganz schlecht umgehen. »Entweder weil sie mit ihren Eltern, von denen das Geld stammt, Probleme hatten, oder weil sie es nicht schaffen, etwas, das ihnen in den Schoß gefallen ist, anzunehmen«.[8] Manche Damen gar halten Geld für ein notwendiges Übel, das – besonders wenn es in Massen auftritt – nur die Folge schmutziger Geschäfte sein kann. Und Schmutz überlassen wir ja nicht nur beim Reifenwechseln gerne den Männern (siehe auch das dritte Kapitel über die »schmutzige Seite der Macht«). Oder wie die Bestseller-Autorin Colette Dowling über ihre Ideale als Intellektuelle schreibt: »Arm wie wir waren, fühlten wir uns ungeheuer rechtschaffen«.[9]

Dazu passt, dass die Hälfte der Frauen ihre Groschen dummerweise noch auf das miserabel verzinste Sparbuch legt; immerhin 69 Prozent der Männer sind inzwischen schlauer. Sie haben – wenn sie was anzulegen haben – mittlerweile zu 41 Prozent die Aktie entdeckt, eine langfristig wesentlich lukrativere Anlageform, auf die sich nur 26 Prozent der Anlegerinnen einlässt.[10]

Richtig schlimm wird die feminine Verweigerungshaltung jedoch, wenn es um die Altersversorgung geht. Ein Drittel der Frauen hat beispielsweise kein Interesse, sich darum zu kümmern, 60 Prozent fühlen sich von der Masse der Versorgungsangebote überfordert, nur zwei Prozent geben an, zu wissen, dass der Staat die private Vorsorge künftig fördern will (befragt wurden 1 052 Frauen im Alter von 30 und 59 Jahren durch das Deutsche Institut für Altersvorsorge). Das ist umso wahnsinniger, als Frauen im Schnitt auch noch sieben Jahre länger leben als Männer.

»Viele Frauen verbinden mit dem Alter Unattraktivität und Einsamkeit und verdrängen dieses Thema lieber«, sagt Stefanie Wahl vom Bonner Institut für Wirtschaft und Gesellschaft, die die Umfrage wissenschaftlich betreute.[11] Die gleichen Frauen schätzten ihren Finanzbedarf im Alter auf durchschnittlich rund 1 280 Euro im Monat. Ihre tatsächlich zu erwartete Rente allerdings lag um bis zu 500 Euro darunter. Jede Fünfte überschätzte ihren Rentenanspruch um mehr als die Hälfte. »Frauen fallen oft aus allen Wolken, wenn sie sich zum ersten Mal ihre Ansprüche ausrechnen lassen«, beobachtet auch Svea Kuschl, eine Münchner Finanzberaterin, die sich auf Frauen spezialisiert hat und der ich auch den Titelgedanken dieses Kapitels verdanke: »Frauen leben länger – aber wovon?«.[12] Die Situation ist so schlimm, dass das Bundesministerium für Arbeit und Sozialordnung sich zu Anzeigenkampagnen genötigt sieht. Die Texte – »Sie hängen selber Bilder auf. Sie wechseln selber Reifen. Aber können Sie sich auch im Alter selber versorgen?« oder »Verliebt, verlobt, verheiratet. Reicht Ihnen das als Altersvorsorge?« – sind ziemlich frauenfeindlich. Offenbar zu recht. Bedarfsgerecht vorgesorgt hat nur ein knappes Viertel der Befragten. Die miesesten Versorgungsansprüche haben übrigens Frauen, die ausschließlich auf die gesetzliche Rente vertrauen und Hausfrauen – die vertrauen ausschließlich auf ihren Mann. »Obwohl die Mehrheit der Frauen sich darüber im Klaren ist, dass sie selbst für ihr Einkommen im Alter verantwortlich ist, handelt sie nicht danach«, so das Fazit von Forscherin Wahl. Die Untersuchung eines Großverlages passt da ins

Bild: »Gerne etwas mehr Geld ausgeben« möchten 56 Prozent der Frauen für Mode – für Altersversorgung aber nur 28 Prozent.[13]

Die oben schon erwähnte Colette Dowling, die mit ihrem Weltbestseller *Der Cinderella-Komplex* ein Vermögen verdient und es dann irgendwie mit Klamotten und Antiquitäten verjuxt hat, sagt: »Ich konnte arbeiten wie ein Pferd, wenn es sein musste, und ich tat es. Aber mich irgendwie mit einem Plan oder Budget oder einer Überlegung hinsichtlich der Zukunft zu beschäftigen, war mehr, als ich zustande bringen wollte«. Das Ergebnis war das, was viele Frauen erleben: Eine finanzielle Katastrophe. Aber nicht alle Frauen sind so schlau wie Dowling, daraus flugs einen neuen Bestseller zu machen: *Sterntaler. Wie Frauen mit Geld umgehen.*[14] Zuvor hatte Dowling ihre Verschwendungssucht jedoch so weit getrieben, dass sie sich den »Anonymen Schuldnern« anschloss – einer Organisation vergleichbar mit den Anonymen Alkoholikern. Wenn ihr zuvor ein Gläubiger drohte, fasste sie einen Rechtsstreit ins Auge und witterte Betrug. Auf eine Idee kam sie jedoch nicht, nämlich sich selber zu fragen: Was machst du eigentlich mit deinem Geld?

Diese Verdrängungshaltung Geld betreffend, scheint kein individuelles Problem von Dowling zu sein. Die Forscherin Margaret Randell befragte Hunderte von Frauen, wie sie mit ihren Finanzen umgehen: Fast alle, die ihr antworteten, gaben an, über Geldangelegenheiten gelegentlich nicht die Wahrheit zu sagen. Vor allem jedoch belügen sie sich selber. Frauen sagen, dass etwas mehr oder weniger gekostet hat, als in Wirklichkeit, schwindeln darüber, wie hoch ihre Kreditkarte belastet ist, tun so, als ob sie mehr Geld hätten, als sie haben – und dann geben sie zu viel aus.[15] Oder wie frotzelte der französische Komiker Jacques Tati so schön? »Geld ist das einzige, was Frauen manchmal für sich behalten können«.

Helma Sick, Inhaberin von frau & geld Finanzdienstleistungen für Frauen kennt diese Witze – und die ganze Liste der Argumente, mit denen Frauen begründen, warum Geld für sie kein Thema sein kann oder darf. Das altkatholische Argument beispielsweise: Das Sakrament der Ehe ist unauflöslich, mein Mann muss sich um mich kümmern; oder das hedonistische: Heute will ich leben, was in 20 Jahren ist, interessiert mich nicht; oder das pessimistische: Wer weiß, vielleicht habe ich ja in fünf Jahren Krebs und brauche keine Altersversorgung. Und weiter geht die Liste mit dem esoterischen Argument: Ich muss nur Vertrauen haben, dann wird für mich gesorgt; und dem bescheidenen: Im Alter braucht man sowieso viel weniger Geld; oder dem arroganten: Ich habe wichtigeres zu tun. Und schließlich folgt das naivste Argument: Wenn du denkst es geht nicht mehr, kommt von irgendwo ein Lichtlein her.[16]

Wenn man Finanzexperten fragt, was diese Einstellungen für lebenspraktische Folgen nach sich ziehen, kommt mehr oder weniger unisono ungefähr folgende Fehlerliste der Frauen im Umgang mit Geld heraus: 1. Frauen verlassen sich auf ihren Gefährten und kümmern sich selber um gar nichts. 2. Und wenn Frauen sich selber um ihre Penunzen kümmern, machen sie sich nicht die Mühe, zu erforschen, wie sie ihr Geld am gewinnbringendsten anlegen könnten. 3. Frauen haben Angst vor Risiken. Selbst Frauen, die Mitarbeiter führen und jeden Tag wichtige Entscheidungen treffen, vermeiden in ihren privaten Finanzen auch noch das kleinste Risiko – auf Kosten der Rendite. 4. Frauen verdienen zwar weniger als ihre Männer, zahlen aber gleichviel in die gemeinsame Kasse. Soll heißen: Sie steckt ihr Geld in Konsum, Er schafft derweil Vermögen. 5. Massen von Frauen sitzen in einer lebenslangen Misere fest, weil sie für ihren Partner gebürgt und/oder seinen Kreditvertrag mitunterschrieben haben. Sollte die Partnerschaft platzen – und in den Städten wird jede zweite Ehe geschieden –, die Bürgschaft lebt weiter! 6. Frauen *bitten* ihren Mann um Geld und müssen dann auch erklären, wofür sie es brauchen. Um das zu vermeiden, müssen sie nicht unbedingt Karriere machen. Hausfrau ist ein respektabler Beruf, der auch eine angemessene Vergütung wert ist. Das muss man den Männern nur beibiegen. 7. Über 90 Prozent der Frauen belassen es bei ihrer Heirat bei der gesetzlichen Regelung, die Frauen erheblich benachteiligt. Existenzprobleme bei der Scheidung sind häufig die Folge.

Warum? Nun, bei der Trennung hat die Frau über den Versorgungsausgleich Anteil an der gesetzlichen Rente ihres Mannes. Aber dieser Anteil ist in der Regel zum Sterben zuviel und zum Leben zuwenig. Arbeitet ein Mann beispielsweise 45 Jahre lang mit durchschnittlichem Gehalt, beträgt sein späterer Rentenanspruch 1 114, 40 Euro.[17] Wenn die Frau selber keine eigenen Ansprüche erwirbt, stehen ihr nach 20 Jahren Ehe durch den Versorgungsausgleich davon rund 245 Euro zu. Weil Männer das in der Regel wissen, schließen sie oft Lebensversicherungen ab, um Kapital zu bilden und im Falle ihres Todes die Gefährtin abzusichern.

Bei der Trennung allerdings wird auch die etwa bestehende private Vorsorge geteilt. Ein Lebensversicherungsvertrag beispielsweise ist aber auf eine lange Laufzeit eingerichtet. In den ersten Jahren fällt in der Regel kaum Gewinn an. Erst im Lauf der Jahre wirkt der Zinseffekt und am Ende wird das Durchhaltevermögen mit dicken Schlussgewinnen belohnt. Läuft die Lebensversicherung auf den Mann, erhält die Frau bei der Scheidung nur ihren Anteil an dem nicht besonders hohen Rückkaufswert. Heiratet der Ex wieder, sieht es ganz trübe aus, denn bezugsberechtigt im Todesfall ist dann die Neue. Fazit für die Erstfrau: Sie hat dann die mageren Jahre der Einzahlung mitgetragen, die fetten Jahre der Auszahlung kommen ihr aber nicht zugute. Die Finanzberaterin Helma Sick rät deswegen den Frauen, ihren Mann zu bitten, ein »unwiderrufliches Bezugsrecht« in seine Versicherungsverträge eintragen zu lassen – das kann nämlich nur mit dem Einverständnis der Frau verändert werden.[18]

Auch den sechsten Punkt »Frauen *bitten* um Geld« finde ich spannend: Frauen haben Schwierigkeiten, Geld für sich zu fordern und formulieren selbst legitime Ansprüche noch als Frage. Vielleicht erklärt diese Schwäche, warum Frauen sich in Deutschland noch immer mit rund 25 Prozent weniger Gehalt für die gleiche Arbeit abspeisen lassen. Einer Studie des Instituts der deutschen Wirtschaft in Köln zufolge, verdienen beispielsweise weibliche Ingenieure 69 Prozent von dem, was männliche kriegen, Mathematikerinnen, Wirtschaftswissenschaftlerinnen und Juristinnen 77 Prozent von dem, was die männlichen Kollegen bekommen.[19] Eva Döpinghaus, Frauenbeauftragte im Landkreis Freising bei München, beschreibt das Problem wie folgt:»Ob es um eine Gehaltserhöhung, ein Honorar oder Kredit geht – Frauen nehmen häufig die Rolle der Bittstellerin ein, ihnen ist es unangenehm, über Geld zu sprechen«.[20] Ihre Liste geht noch weiter: Frauen»vergessen« im Einstellungsgespräch nach dem Gehalt zu fragen, sie äußern sich in Gehaltsverhandlungen vage, während Männer klare und hohe Forderungen stellen – um sich dann gnädig herunterhandeln zu lassen. Selbstständige lassen in der Kalkulation ihr eigenes Honorar unter den Tisch fallen, Hausfrauen haben ein schlechtes Gewissen, wenn sie sich selber was kaufen, ist der Kauf aber für ihn oder die Kids, ist alles okay.

In dieses Bild passt auch, dass für den einzigen Beruf, der fast ausschließlich von Frauen ausgeübt wird – den der Hausfrau – bis heute kein monetärer Wert gefunden ist. Frauen haben das akzeptiert – mit traurigen Folgen. Wenn für den Rest der Menschheit Geld der Maßstab für Erfolg, Status und Prestige ist, kurz: das universelle Maß für Exzellenz – muss das Selbstvertrauen von Hausfrauen ja auf der Strecke bleiben. Auch andersherum wird ein Schuh daraus: Die Tatsache, dass Frauen sich immer noch mit weniger Geld für die gleiche Arbeit abspeisen lassen, erlaubt Rückschlüsse auf ihr Selbstwertgefühl und ihre eigene Meinung von der Bedeutung ihrer Leistung.

Viele junge Frauen mit Sexappeal leiden allerdings keinesfalls an Minderwertigkeitskomplexen, sie leben schließlich gut vom Geld zumeist älterer Männer. Während ihre Geschlechtsgenossinnen sich mit alten Zöpfen wie Sparsamkeit und Bescheidenheit quälen, lassen sich die im Männerjargon noch freundlich»Sahnetörtchen« genannten Damen erlesen ausstatten. Sie lässt sich schmücken und er sonnt sich in dem Glanz, der aus ihrem Blondhaar und ihren Juwelen auf ihn zurückstrahlt. Wie sagte der reiche Reeder Aristoteles Onassis, der sich nicht nur Maria Callas, sondern auch Jackie Kennedy gönnte:»Gäbe es keine Frauen, hätte alles Geld der Welt keine Bedeutung«.

Mit dem Vermögen, das dabei in der Regel draufgeht, haben Männer kein Problem, sehr wohl aber mit dem Unterhalt, den sie ihrer Erstfrau zahlen. Das Geld für Blondie gilt sozusagen als »Werbekosten«, wenn auch nicht als steuerlich relevante. Außerdem hat die Süße es sich in den Augen des Mannes mit Schönheit und Willigkeit verdient – und »erarbeitetes Geld« wird in der Regel respektiert. Der Deal läuft als Warentauschgeschäft: Die Junge kriegt Naturalien und der Alte Sex und Prestige. Die Erstfrau und die Kinder jedoch kriegen Unterhalt – und der wird höchstens großzügig gewährt. Einziger Trost der abgelegten Familien: Mit Liebe hat das alles nichts zu tun, denn: Kennt irgend jemand einen alten Mann *ohne* Geld mit Trophäen-Frau? Na eben!

Und wovon lebt das Törtchen, wenn aus ihr eine erwachsene Torte geworden ist mit den dazugehörigen Dellen in der Sahne? Hoffentlich von einem dann gewährten Unterhalt.

Zusammenfassend ist zu sagen, dass die weibliche Weigerung, sich mit dem schnöden Mammon zu beschäftigen, nicht nur den Frauen selber schadet, sondern auch den Banken in die Hände spielt. Meine ehemalige Kollegin Ursula Triller, die sich vom Journalismus verabschiedete, um in Hamburg worldwidejobs, eine Online-Jobbörse zu gründen, sagte mir einmal: »Ich habe solange geglaubt, dass es keine Diskriminierung von Frauen mehr gibt, bis ich mit Banken und Risikofinanzierern reden musste, um Geld für mein Unternehmen zu kriegen«. Man würde behandelt wie Klein-Doof nach dem Motto: Schicken Sie uns doch mal ihren Mann vorbei! Triller hat ihr Geld schließlich doch gekriegt, meint aber, sie hätte signifikant länger dafür gebraucht und auch wesentlich härter dafür kämpfen müssen, als die männlichen Gründer aus ihrer Umgebung.

Für die Richtigkeit ihrer These spricht auch eine legendäre Recherche von *Finanztest*. Die Zeitschrift der Stiftung Warentest schickte Mitarbeiter und Mitarbeiterinnen in rund 200 Bank- und Sparkassenfilialen im ganzen Bundesgebiet. Männern wurde in beinahe der Hälfte aller Beratungsgespräche zum Aktienkauf geraten, begründet mit überdurchschnittlichen Ertrags-Chancen, dem Reiz der Spekulation oder der Inflationssicherheit von Aktien. Frauen wurde nur halb so oft die Börse empfohlen, begründet mit den hohen Risiken von Aktien. »Vor allem betonten die Berater, dass für eine Direktanlage in Aktien umfangreiche Kenntnisse und ständige Informationen über den Markt erforderlich seien. Daher kommen diese für Anfängerinnen nicht in Frage«.[21] Nicht nur bei Aktien wurden Frauen anders beraten, auch bei allen anderen Geschäften mit einem Risikofaktor größer Null. »Sitzt eine Frau vor dem Beratertisch, greifen die Bank-Experten fast automatisch zu den hausinternen Übersichten über Sparanlagen, festverzinsliche Wertpapiere und Investmentfonds«, so das Magazin. Fazit: Frauen sind für Geldexperten keine ernstzunehmenden Gesprächspartner.

Nun stellt sich die Frage nach Huhn und Ei: Liegt das daran, dass Bankberater frauenverachtende Schweine sind – oder daran, dass Frauen sich in der Tat wie Klein-Doof benehmen, sobald es um Geld geht? Vermutlich stimmt beides, und beide Tendenzen verstärken einander auf das unerfreulichste.

Herausgekommen sind bei diesem Kampf der Kulturen jedenfalls einige speziell auf »frauliche Bedürfnisse« zugeschnittene Finanzprodukte, die gerne mal Namen tragen wie »Lady Invest«. Susanne Kazemieh von der Hamburger Frauenfinanzgruppe bezeichnet sie kühl als »Lady Bluff«. Sie findet: Reine Marketing-Gags, um neue Zielgruppen zu werben.[22] Denn was soll das überhaupt sein: frauen-spezifisch? Es gibt gute Produkte und schlechte, renditestarke Anlagen und schwache – Geld ist eben Geld – aber männliche und weibliche Aktienfonds? Im einen sind dann die Papiere von L Oréal, Procter & Gamble, Estée Lauder und Tupperware – und im anderen die von Siemens, BMW und der Waffenschmiede Rheinmetall – oder wie? Selten so einen Quatsch gehört. Beim Aktienkauf geht es um künftiges Wachstum, Managementqualität und Innovation, aber doch nicht um das Geschlecht des Käufers. Deswegen meint auch die auf Frauen spezialisierte Münchner Finanzberaterin Svea Kuschel: »Produkte gibt es genug, man muss nur die richtigen auswählen«. Ihr trockenes Fazit: »Solange es keine Lord-Tarife für Männer gibt, braucht es auch keine Lady-Tarife für Frauen«.[23]

Frauenfonds erinnern mich an eine ähnliche Peinlichkeit aus der Welt der Publizistik: »Vivien«, ein Nachrichtenmagazin für Frauen aus dem Hause Burda. Eine Nachricht wird zur solchen, weil sie wichtig ist, neu, spannend, aktuell. Und wenn sie das ist, ist sie dies für Alt und Jung, Dick und Dünn und auch für Mann und Frau – oder eben nicht. Bleibt nur zu hoffen, dass die Frauenfonds denselben Weg gehen wie das Blatt mit den »Frauennachrichten«: Den in die große Tonne.

5.
Mein Gefühl sagt, dass das
irgendwie richtig ist!
Weibliches Verhalten im Privatleben

> »Man bricht sich das Bein selten, solange
> man im Leben mühsam aufwärts steigt –
> aber wenn man anfängt, es sich leicht
> zu machen und die bequemen Wege
> zu wählen.«

Friedrich Nietzsche

Versuchen Sie doch mal gedanklich, sich einen Mann vorzustellen, der sich jahrelang von einer Frau schlagen und missbrauchen lässt. Nachts zitternd vor Angst im Bett liegt, hört, wie sich die besoffene Kuh wieder die Treppen hochschleppt, den Schlüssel unsicher ins Schloss steckt, um sich dann ohne Anlass auf Mann und Kinder zu stürzen und das Mobiliar zu zerlegen? Unvorstellbar, nicht wahr? Frauen jedoch halten das durch, oft jahrelang. Männer würden sich genau ein Mal prügeln lassen, danach wären sie über alle Berge.

Das Gegenstück zur männlichen Gewalt ist weiblicher Selbsthass. Er gebiert eine zutiefst weibliche Opfermentalität. Immerhin suchen in Deutschland inzwischen jährlich 40 000 Zuflucht im Frauenhaus und einige davon nutzen das Sozialrecht dieses Staates und lassen sich dabei helfen, ihrem Peiniger zu entkommen. Hunderttausende jedoch bleiben wo sie sind und riskieren ihre eigene Gesundheit und die ihrer Kinder, frei nach dem Motto: Er liebt nur uns, denn er schlägt nur uns! Die Psychologie hat für diese schicksalsergebene, gutmütige, nie endende Lust am Verzeihen einen wesentlich zutreffenderen Ausdruck: viktimes Verhalten. Wer sich wie ein Opfer benimmt, wird zum Opfer.

Nun, in Deutschland erlebt jede sechste, nach manchen Schätzungen auch jede dritte Frau Prügel oder Schlimmeres in ihrer Partnerschaft. Gewaltkriminell sind überhaupt fast nur Männer. Der Soziologe Walter Hollstein hat vorgerechnet, dass der deutschen Gesellschaft dadurch ein Schaden von 15 Milliarden Euro im Jahr entsteht.[1] Generell gilt: Wir haben kein Kriminalitätsproblem, wir haben ein Testosteronproblem. Neun von zehn Gewalttätern sind männlich; schwere Delikte, bei denen Menschen zu Schaden kommen, werden fast ausschließlich von relativ jungen Männern begangen.

Ihre Mütter, Schwestern, Töchter, Freundinnen und Ehefrauen ertragen das – mehr oder weniger klaglos.

Dieser weibliche Selbsthass kennt natürlich mildere Formen, die sich in der Regel ganz gut unter dem Stichwort »mangelndes Selbstbewusstsein« zusammenfassen lassen. Trainer können ein Lied davon singen. »In meinen Seminaren arbeite ich seit fast zwanzig Jahren mit Männern und Frauen daran, ihre Fähigkeiten, zu organisieren, zu führen, zu motivieren und zu kommunizieren, zu verbessern. Was mich regelmäßig aufbrachte und was ich heute noch häufig erlebe: Frauen besitzen in vielen Bereichen die besseren Techniken, aber sie quälen sich mit Selbstzweifeln. Bei den Männern ist es umgekehrt: Ihre Strategien erweisen sich häufig als ungeschickt oder sogar unwirksam, trotzdem sind sie nicht verunsichert,« beobachtet die Trainerin und Ratgeber-Autorin Ute Ehrhardt.[2] »Viele Frauen musste ich regelrecht zwingen, an sich zu glauben. Den Männern musste ich mühsam vermitteln, dass und warum bei ihnen vieles schief lief«. Ins gleiche Bild passen Umfragen, die besagen, dass Frauen zwar theoretisch davon überzeugt sind, dass Frauen ebenso gute Ärzte, Anwälte oder Apotheker sind wie Männer, aber wenn es darauf ankommt und sie selber Hilfe brauchen, doch lieber zu einem männlichen Ratgeber gehen – auf der Bank, im Krankenhaus, bei Rechtsstreitigkeiten. Auch im Parlament lassen sie sich nur zu gern von Männern vertreten, denn wenn Frauen entschlossen Frauen wählen würden, wären die westlichen Demokratien und ihre Gesetze schon längst an den Bedürfnissen der Frauen orientiert.

Doch Frauen glauben nicht an Frauen, nicht mal an sich selbst. Fragen Sie eine Karrierefrau nach ihrem Erfolg, wird sie antworten »Ich hatte Glück und einen wirklich guten Mentor«. Männer dagegen erwähnen auf die gleiche Frage ihre gute Ausbildung, harte Arbeit und große Belastbarkeit. Dieser Mangel an Selbstvertrauen paart sich mit Angst vor Konflikten und das Ergebnis ist eine weibliche Gutmütigkeit, die nahezu unausrottbar scheint. Ihre Lust am großmütigen Verzeihen erscheint manchmal geradezu masochistisch. Nicht nur im Privatleben ihren Männern und Kindern gegenüber, sondern auch im Berufsleben – doch davon handelt im Wesentlichen das folgende Kapitel. Hier sei nur Angelika Roth zitiert, Präsidentin des Verbandes Berufstätiger Frauen: »Frauen lassen sich alle unangenehmen Arbeiten ohne Prestige in der Gesellschaft anhängen«.[3]

Der Mangel an weiblichem Selbstbewusstsein hat eine ganze Industrie hervorgebracht: Den Ratgebermarkt. Der brummt, besonders wenn es darum geht, vermeintlich armen, benachteiligten, zurückgesetzten, ungeliebten Frauen und Müttern zu Geld/Karriere/Traummann/netten Kindern/Ausgeglichenheit/Lebensglück/knackigem Hintern zu verhelfen. (Männer lesen natürlich auch Ratgeber, aber in denen geht es eher um andere Fragen: Wie bediene ich meine Digitalkamera? Wie lege ich mein Geld an? Wie pflege ich meine Sammlung alter Uhren?) Mehr als 4 000 Titel für Frauen sind derzeit im Angebot. Da lernen wir: Frauen schalten schneller zwischen rechter und linker Gehirnhälfte um als Männer und können deswegen komplexer denken. Ob das auch damit zu tun hat, dass wir angeblich mit den Händen geschickter und sprachlich gewandter sind? Egal! Jedenfalls sind wir die idealen Chefs, was an unserer angeblich größeren emotionalen Intelligenz und noch diversen anderen wunderbaren Eigenschaften – Kommunikationsfähigkeit! Einfühlsamkeit! Sensibilität! – liegt. Und wenn wir die 40 erreichen, wird alles noch besser, am tollsten jedoch geht's uns nach den Wechseljahren. Wie gut, dass wir im Schnitt auch noch sieben Jahre länger leben als Männer.

Also alles bestens? Alles Mist! Warum müssen sich Frauen zwanghaft dauernd beteuern lassen, dass sie genauso gut oder besser sind als Männer? Erinnert einen irgendwie an das Gestammel von Dreijährigen: »Gell, Mammi, ich bin schon ganz groß!«. Oder kommt diese Ratgeberflut nur mir so vor wie das Pfeifen im dunklen Keller? Letztlich stellen diese Gebrauchsanweisungen zum Glücklichsein doch nur fest, was sowieso jeder aufgeklärte Mensch weiß: Das Potenzial von Frauen ist unendlich – wie das der Männer. Der Rest ist Plattitüde à la *Gute Mädchen kommen in den Himmel, böse überall hin* (Fischer Taschenbuchverlag 1998) und Schuldzuweisung à la *Männer wollen nur das eine und Frauen reden sowieso zuviel* (Argon Verlag 2001) oder *Warum Männer nicht zuhören und Frauen schlecht einparken* (Ullstein Verlag 2000) oder *Frauen lügen anders* (Krüger Verlag 1998). Oder gar die Bankrotterklärung jeglichen Zusammenlebens: *Männer sind vom Mars und Frauen von der Venus* (Goldmann Verlag). Oder war's andersrum? Wer ähnliches über Muslims und Christen behaupten würde, riskierte zu recht ein Verfahren wegen Volksverhetzung.

Warum lesen Frauen das? Nun, ich weiß es auch nicht. Natalia Ginzburg beschreibt in ihrem Buch *Über die Frauen* die moderne Frau – ob Mutter oder nicht – als »einen Menschen, der nicht mit sich im Reinen ist«. Symbol ihrer Schwermut ist dabei der tiefe Brunnen, in den alle Frauen mit schöner Regelmäßigkeit fallen. Warum bleibt den Männern das erspart? »Weil sie vielleicht von kräftigerer Gesundheit sind, oder besser darin, sich selbst zu vergessen, und sich mit der Arbeit, die sie machen, zu identifizieren, weil sie selbstsicherer über ihren Körper und ihr Leben bestimmen und freier sind. Die Frauen denken viel an sich selbst und zwar auf eine schmerzliche und fieberhafte Weise, die einem Mann unbekannt ist«.[4]

Besonders denken Frauen viel an sich, wenn es um ihr Äußeres geht. Dieser Auswuchs mangelnden Selbstbewusstseins kann bis zur Selbstverstümmelung (kosmetische Chirurgie!) reichen. Männer, die sich mit Schönheitsfragen quälen, geraten zur Lachnummer, bei Frauen sind sie dagegen ganz normal und werden stundenlang im Kreis mitfühlender Freundinnen diskutiert. Was die werbetreibende Wirtschaft weidlich ausnutzt. Sommer, Sonne, Strand. Zwei nahezu gleich alt aussehende Männer sitzen im Liegestuhl und plötzlich fragt der eine den anderen: »Sag mal Daddy, wie machst du das, dass deine Haut immer so straff, glatt und gepflegt aussieht?« Darauf der andere gutmütig: »Junior, ich verrat dir mein Geheimnis. Täglich die Body Lotion Vinea sensitive. Mit der kannst du gar nicht früh genug anfangen«. Absurd, oder? Mit Frauen besetzt ein ganz normaler Werbespot.

Schön ist auch eine Liste von Renate Rosenthal, der Chefredakteurin des Münchener Frauenmagazins *Elle*, die wohl aus ihrem Freundeskreis stammt: »Wer über Monate hinweg täglich hochdosiertes Vitamin E zu sich nimmt, dem kündigt das Reinigungspersonal (extremer Haarverlust bei einer Überdosis Vitamin E). Wer Vitamin-E-Kapseln zum Schlucken mit einer Stecknadel durchlöchert und das herausquellende Gelee direkt auf die Haut schmiert, um so vielleicht den Wirkstoffen mehr Effektivität zu verleihen, muss sich nicht wundern, wenn er plötzlich eine Allergie hat. Wer (auf Grund eines Gerüchts aus der Ecke der Beautyfachfrauen) eine östrogenhaltige Scheidencreme fürs Gesicht benutzt, kann seinem Teint nicht schaden, verblüfft höchstens den Frauenarzt, der zu diesem Zweck ein Rezept ausstellen soll«.[5]

Auch nach 30 Jahren pseudo-emanzipatorischem Geschrei: Weiblicher Erfolg ist noch immer nicht bestimmt durch Humor, Intelligenz, Wärme und Engagement, sondern durch die Zahl der männlichen Blicke auf Brust, Beine, Po. Bei einer Frau zählen die inneren Werte? Na ja, »es kommt eben darauf an, watt man inner Bluse hat«, wie die Kölner Kabarettistin Gaby Köster zu frotzeln beliebt. Solange Frauen Lifestyle mit Leben und ein neues Fräckchen mit Ausstrahlung verwechseln und Leute wie Jenny Elvers oder Heidi Klum für gute Vorbilder halten, brauchen sie sich über den Spott nicht zu wundern. Wunderbar auch der Spruch der Modedesignerin Vivien Westwood: »Die Menschen sollten sich mehr anstrengen, weniger dumm zu sein. Das kleidet sie am besten«.[6] Der bislang beste Kommentar zum Schönheitswahn stammt jedoch ausgerechnet von Anita Roddick, der Gründerin der Kosmetikkette Body Shop. Sie ließ eine Werbekampagne mit dem Text laufen: »Es gibt acht Frauen, die aussehen wie Supermodels und ungefähr drei Milliarden, die das nicht tun. Lieb dich selber«. Kein besonderer Erfolg, die Kampagne, denn auch Body Shop-Kundinnen wollen lieber von Männern geliebt werden.

Diese Fremdbestimmung der Frauen – also ihre Fixierung auf die Kerle – taugt in Hollywood noch alle mal zur Komödie. *Schokolade zum Frühstück – Das Tagebuch der Bridget Jones* gesehen? Ein großer Erfolg beim vorwiegend weiblichen Kinopublikum. Tenor des Streifens: Berufstätige Frauen sind unsicher und traurig, willenlos und schwach. Alle wollen nur geheiratet werden und wenn das nicht klappt, zappen sie sich durchs Privatfernsehen und saufen sich Speck auf die ohnehin schon moppeligen Problemzonen. Eigentlich als flippige Komödie gedacht, geriet der Film aber zum peinlichen Portrait einer ganzen Generation.

Nicht mal neidisch sein können Weibchen auf was Vernünftiges: In einer Online-Umfrage der Frauenzeitschrift *Glamour* geben nur zehn Prozent der Frauen an, den Freunden den Beruf oder die Beziehung (13 Prozent) zu neiden. Das gute Aussehen des lieben Nächsten erfüllt allerdings 30 Prozent mit Neid.[7] Und wenn's nicht klappt mit dem Nachbarn und/oder der Schönheit? Ventil für den Frust ist dann selten der Entschluss, sich von Äußerlichkeiten unabhängiger zu machen, sondern häufig ein Einkaufstrip. Täglich ist auf der Düsseldorfer Königsallee oder der Münchner Maximiliansstraße zu beobachten, wie Society-Ladys mit einem sehr geschiedenen Zug um den Mund versuchen, sich gute Laune zu kaufen. Dabei macht Shoppen gar nicht glücklich. Einer britischen Umfrage zufolge verschafft Einkaufen den meisten Menschen nur ein ganz kurzes Gefühl der Befriedigung. Oft genug werde das später durch die Einsicht überschattet, einen Fehlkauf begangen oder Geld sinnlos ausgegeben zu haben.[8]

Die ganze Welt – eine einzige Beauty-Farm mit angeschlossener Shopping Mall. Es wäre verständlich, wenn Frauen sich schön machten, um als sexuelle Wesen zu reüssieren und Spaß im Bett zu haben. Doch weit gefehlt. Ein Forscher befragte 1 213 deutsche Frauen und Männer zwischen 18 und 65 Jahren über ihre sexuellen Erfahrungen. Das Ergebnis ist niederschmetternd: 63 Prozent der Männer halten sich für tolle Liebhaber und 76 Prozent der Frauen beklagen, sie wären sexuell frustriert.

Hoffentlich stirbt diese unsinnige Generation bald aus, denkt man sich und erstarrt, wenn man im *jetzt* – der sehr beliebten Jugend-Beilage der *Süddeutschen Zeitung* – im Mai 1999 die Frage lesen muss:»Warum bieten Jungs nie von alleine an, das Geld für die Pille zu teilen?«. Die viel entscheidendere Frage lautet jedoch: Warum gibt es nicht endlich eine Mütter-Generation, die aufhört, neuen Nattern-Nachwuchs an ihrem Busen zu züchten? Das wäre mal sinnvolle Frauensolidarität. Denn auch das muss endlich gesagt sein: Wer erzieht denn diese ganzen Machos? Frauen. Und wer erlaubt ihnen, sich aufzuführen, wie sie sich aufführen? Frauen. Ein Macho ohne weibliches Publikum ist nämlich keiner. Er ist dann nur noch ein Würstchen mit Erektionsproblemen.

Stattdessen passiert das folgende: Weibliche Babys haben im Durchschnitt einen Reifevorsprung und sind kräftiger als ihre Brüder. Fragt man aber die Eltern, wer ihrer Meinung nach stabiler ist, so antworten die allermeisten: Die Jungen. Weil sie es einfach von ihnen erwarten. Entsprechend spielen Eltern gröber und härter mit Jungen; Mütter reduzieren bei ihnen nachweislich früher Körperkontakt und Zärtlichkeit, sie sanktionieren »geschlechtsuntypisches Verhalten« bei Jungen härter: Spielt ein Junge mit Puppen, schreiten sie energisch ein, spielt ein Mädchen mit Autos, finden sie das progressiv. Mit Mädchen sprechen Mütter intensiver über Gefühle, während sie auf die Emotionalitäten ihrer Jungs weniger eingehen – bei negativen Gefühlen oft überhaupt nicht. Das Ergebnis hat ein Harvard-Psychologe beobachtet: Ein »Halbwesen« mit einer aufgeblasenen »heroischen Hälfte«, das zugleich gefangen ist in einer emotionalen »Zwangsjacke«.[9] Tenor der Männer-Erziehung durch ihre eigenen Mütter ist also: Innenwelt missachten, Außenwelt erobern. Das Ergebnis bedarf keines Kommentars.

Die Folgen dieser Erziehung, die in der Regel schwerpunktmäßig von Frauen vorgenommen wird, manifestieren sich auch im Lebensentwurf des Nachwuchses, wie eine Umfrage des Instituts für Meinungsforschung in Allensbach bei über 2 000 Befragten ergab. Allen Gleichstellungsforderungen zum Trotz träumen junge Frauen offenbar im Jahr 2000 immer noch von einer ganz anderen Selbstverwirklichung als Männer, die vor allem darauf abzielt, die Übernahme von Verantwortung zu vermeiden: Während Stewardess und Floristin, Modedesignerin, Schauspielerin, Lehrerin und Model ganz vorn auf der Wunschliste ihrer Traumberufe stehen, finden sich Spitzensportler, Unternehmer, Kapitän, Astronaut und Börsenmakler auf seiner. Jungs träumen also von aktiven, aufregenden Jobs, in denen sie was bewegen können, auch wenn es nur Schiffe, Raketen oder Lokomotiven sind. Frauen dagegen wollen in der Regel schmücken: Sich selbst, die Wohnung, ein Theater oder den Laufsteg. Offenbar fällt ihnen nicht auf, dass sie dabei immer nur lieblich garnieren, was andere bestimmen. Das Traurige ist bloß: Was Ännchen nicht lernt, lernt Anne nimmermehr.

Fragt man umgekehrt, was die Menschen im Leben unbedingt erleben möchten, verspüren 61 Prozent der Männer Lust auf einen Abenteuerurlaub, 75 Prozent der Frauen wollen den auf keinen Fall. 38 Prozent der Männer würden gerne mal mit dem Fallschirm abspringen, aber nur 19 Prozent der Frauen. Fragt man schließlich, in welche gesellschaftlichen Bereiche mehr Frauen und in welche mehr Männer einziehen sollten, sind sich die Geschlechter plötzlich einig wie nie: Mehr Frauen sollen in die Bundesregierung, die Vorstände, Forschung – mehr Männer in Kindererziehung und Küche. Mehr Frauen in Führungspositionen fordern also beide Gruppen. Wunsch und Wirklichkeit klaffen trotzdem weit auseinander. »Offensichtlich verhindern weniger machtgeile Machos als desinteressierte Frauen eine Veränderung der Verhältnisse«, schreibt der

Philosoph und Literaturwissenschaftler Edgar Piel, der die Befragung für das Institut für Meinungsforschung in Allensbach leitete, über seine Ergebnisse.[10]

In der Folge lebt ein ganzes Heer von Frauen ihren unterschwellig sehr wohl vorhandenen Ehrgeiz und ihre Lust, zu herrschen weitgehend über den Ehemann aus – frei nach dem Motto: Der Weg zum Erfolg ist voll von Frauen, die ihre Männer vorwärts schieben. Esther Vilar hat das schon 1971 in ihrem genialen Buch *Der dressierte Mann* beschrieben: »Die Frauen lassen die Männer für sich arbeiten, für sich denken, für sich Verantwortung tragen. Die Frauen beuten die Männer aus«.[11] Vilars Kernthese lautet: Frauen suchen sich ihre Männer nach deren Verwendbarkeit als Ernährer aus, schicken ihn arbeiten und lassen es sich gut gehen. Dafür stellen sie ihm »ihre Vagina in bestimmten Intervallen zur Verfügung«. Je besser er als Ernährer funktioniert, umso beliebter ist ein Mann bei den Frauen. »Als Frau hat sie immer den Lebensstandard und das Sozialprestige ihres Mannes und muss nichts tun, um diesen Standard und dieses Prestige zu erhalten – das tut er. Der kürzeste Weg zum Erfolg ist deshalb für sie noch immer die Heirat mit einem erfolgreichen Mann.« Viele Frauen tun also ihr bestes, erst einen Kerl zu erjagen, um ihn dann zu motivieren, sich ihren Bedürfnissen zu unterwerfen, sprich: Noch mehr zu arbeiten, aufzusteigen, mehr Geld nach Hause zu schleppen. Mit einem doppelten Ziel: Erstens mehr Geld ausgeben zu können, um sich selbst zu schmücken und zweitens andere Frauen zu beeindrucken. Denn: »Was immer die Männer anfangen, um den Frauen zu imponieren: In der Welt der Frauen zählen sie nicht. In der Welt der Frauen zählen nur die anderen Frauen. Wenn eine Frau bemerkt, dass ein Mann sich auf der Straße nach ihr umdreht, freut sie sich natürlich. Ist dieser Mann teuer angezogen oder fährt er gar einen teuren Sportwagen, dann ist die Freude umso größer. Erlebt diese Frau hingegen, dass sich eine andere Frau nach ihr umdreht – was wirklich nur im äußersten Fall geschieht, denn die Maßstäbe, nach denen die Frauen sich gegenseitig messen, sind viel unbarmherziger als die der Männer –, hat sie ihr

Höchstes erreicht. Dafür lebt sie: Für die Bewunderung der anderen Frauen«. Oder wer's moderner ausgedrückt mag: Die Hollywood-Heroine Sandra Bullock meint »Männern sind schicke Kleider sowieso egal, die wollen uns nur nackt sehen. Frauen haben sich darauf längst eingestellt und machen sich sowieso nur wegen anderer Frauen zurecht«.[12]

Je mehr der Gatte also zustande bringt, desto prächtiger werden Autos, Pelzmäntel, Villen und Geschmeide und desto größer der Neid der Nachbarinnen und Freundinnen. Dabei bestehen die meisten Frauen darauf, dass Männer es gar nicht so weit gebracht hätten im Leben, wenn sie ihm nicht den Rücken frei gehalten hätten. Schließlich habe man ja den Haushalt geführt, Kinder erzogen und seine Gäste bewirtet. Das führt dazu, dass viele dieser Frauen der Meinung sind, deswegen stehe ihnen die Hälfte des von ihm in der Ehezeit angehäuften Vermögens zu. Interessant in diesem Zusammenhang ist der Fall Lorna Wendt. Sie war 32 Jahre lang verheiratet mit dem Vorstandsvorsitzenden von GE Capital (der Finanzdienstleistungstochter des legendären Konzerns General Electric). Bei der Trennung wollte sie die Hälfte der rund 100 Millionen Dollar, die Gatte Gary in der Zeit zusammengetragen hatte. Angeboten hat er ihr acht Millionen. Bekommen hat sie schließlich 20. Das Argument des Richters: Er muss ihr den gewohnten Lebensstandard sichern. Da stellt sich allerdings die Frage: Ist der Beitrag der Person, die die Brötchen verdient genauso viel wert, wie der desjenigen, der zu Hause bleibt?[13] Wäre Wendt weniger als 100 Millionen schwer, wenn ihm nicht Lorna den Haushalt geführt hätte, sondern Suzy, Catherine oder Loreen? Und wie viel wäre Lornas Haushaltsführung wert, wenn ihr Mann ein Leben lang Buchhalter bei GE Capital geblieben wäre?

Betrachten wir deutsche Verhältnisse. Gerhard Schröder ist zum Bundeskanzler gewählt, egal ob mit Hillu verheiratet oder mit Doris – oder einer der beiden Hillu-Vorgängerinnen. Auch Außenminister Joschka Fischer hat die vierte Ehefrau. Zu sagen, er würde immer noch in Frankfurt Taxi fahren und Steine schmeißen, wenn er nicht mit der jetzigen jungen Journalistin verheiratet wäre, ist geradezu lächerlich. Ehrgeizige Männer machen ihren Weg, wer an ihrer Seite die Küche aufräumt und die Hemden bügelt, spielt offenbar kaum eine Rolle. Ehrgeizige Frauen dagegen *lassen* sich ihren Weg häufig machen. Denn wäre Hillu Schröder mit dem Polizeibeamten verheiratet geblieben, der vor Gerd Schröder an ihrer Seite war, hätte sich wohl keiner auf den Gedanken eingelassen, dass sie Ministerin in Niedersachsen werden könnte, wie das zur Zeit ihrer Ehe mit Gerd der Fall war. Auch ihr Buch wurde vor allem wahrgenommen, weil sie mal mit dem jetzigen Staatslenker verheiratet war. Geliehenes Leben!

Das schlimmste jedoch ist, mit welcher Grausamkeit »Gattinnen« über die Ehemänner anderer Frauen herfallen, die sie für Verlierer halten. Nie habe ich Männer so schonungslos über einen Kollegen reden hören, der seinen Job verloren oder irgendwelchen Mist gebaut hat, wie ihre Ehefrauen. Frauen, die nie ein Unternehmen von innen gesehen und von daher gar keine Vorstellung haben, wie schmal der Grad zwischen Triumph und Katastrophe werden kann und wie leicht einer scheitert – auch ohne persönliches Versagen. Frauen, die sich ansonsten jeder Entscheidung entziehen, die über die Wahl eines Urlaubsortes, Möbelstücks oder Kindergartens hinaus geht.

Dieses Sammelsurium von Verhaltensweisen (das sich beliebig verlängern ließe und zum Teil in anderen Kapiteln behandelt wird) führt dazu, dass der Ausdruck »weibliche Logik« das beschreibt, was sie ist: Schwachsinn. Denn zunächst mal gibt es nur eine einzige Logik, eine deduktive Gedankenkette mit einem richtigen Ergebnis. Zwei und zwei ist vier, gleichgültig, ob das ein Mann denkt oder eine Frau. Alles andere sind Gefühle oder unsauber deklinierte Gedanken, die zu wolkigem Geschwätz führen. Die Frauen so oft nachgesagte größere emotionale Intelligenz, Sensibilität und Kommunikationsfreude ist häufig kein Ausdruck von Überlegenheit, sondern eine Falle. Denn es ist oft so, dass Frauen sich auf ihre Intuition berufen, wenn sie nicht mehr weiter wissen, das heißt:

wenn ihnen keine schlagenden Argumente einfallen. »Frauen nehmen ihre Gefühle und die Gefühle anderer viel sensibler wahr als Männer. Frauen spüren körperliche Signale deutlicher, sie sind offen für die kleinen Hinweise der Seele«, schreibt auch Ute Ehrhardt in ihrem Buch *Die Klügere gibt nicht mehr nach* und meint, damit einen Vorteil der Frauen zu beschreiben.[14] In einer Männerrunde mit Ausführungen wie »Mein Gefühl sagt, dass das irgendwie richtig ist« zu punkten, ist jedoch nahezu unmöglich. Ein Mann will wissen, auf welcher Annahme eine Wertung beruht, welche Fakten in eine Meinung einfließen. Alles andere verunsichert ihn zu recht. Wenn Frauen bei der Entscheidungsfindung auf ihren »Bauch« bestehen und ihre berühmte »Intuition« bemühen, werden sie folglich nicht ernst genommen. Denn wie schreibt die Schriftstellerin Monika Maron so klug: »Ein Instinkt bedarf keines Arguments und ist durch ein solches auch nicht zu wiederlegen«.[15] Deswegen ist »weibliche Logik« eigentlich nur das höfliche Wort eines Gentlemans für einen weiblichen Mangel an Denkvermögen. Solange jedoch Frauen darin ein Kompliment sehen und den Ausdruck für die Zusammenfassung ihrer vermeintlichen Überlegenheit – Sie wissen schon: »Frauen sind sensitiver, instinktsicherer, kommunikationsfähiger« etc. – halten, werden die Verhältnisse bleiben, wie sie sind.

Daran wird auch kein Feminismus – der ohnehin immer eine Minderheitenveranstaltung war, die meisten Frauen zogen und ziehen das bequeme Leben als Weibchen vor – je etwas ändern. Gerade bei den jüngeren Frauen haben Feminismus, Frauenpower, Emanzipation ein ganz schlechtes Image. Zumindest ein vermufftes: Das Thema gilt als verbiestert und sektiererisch, ein Problem der siebziger Jahre eben – und aus der Zeit mögen wir höchstens noch die Mode. Das liegt auch an den Aktivistinnen selber: Erstens finden moderne Frauen das Auftreten (flache Schuhe), die Wortwahl (Was ist ein Mann in Salzsäure? Ein gelöstes Problem!) und den Kleidungsstil (Schlabberlook) ihrer kämpferischen Schwestern bestenfalls unattraktiv – so will eine junge Frau keinesfalls wahrgenommen werden. Was das ZDF unlängst eindrucksvoll demonstrierte: In einer Art Frauen-Duell traf in der »Johannes B. Kerner-Show« Verona Feldbusch auf Alice Schwarzer – und Millionen guckten zu. Anschließend beschied der »Spiegel« der Feldbusch einen »Sieg nach Punkten« für Sätze wie »Sie sind die Vorzeige-Emanze und ich nehme gerne die Barbiekarte«. In der Tat hatte Frau Schwarzer sich selbst und der Frauenbewegung keinen Gefallen getan, ein schickes Outfit und hohe Schuhe gleich mit »Dummchen« und »Tussi« in Verbindung zu bringen. »High-heels sind keine Waffen, das sind Fesseln«.[16] Autsch, wie langweilig! Kein Wunder, dass die Girlie-Generation keine Lust hat auf einen Club, in dem man nicht gleichzeitig hübsch *und* schlau sein darf. Außerdem gehen Slogans wie »Das Private ist politisch«, die die Grundlage der Frauenbewegung waren, mittlerweile völlig an der Bewusstseinslage des Nachwuchses vorbei. Dem geht es um die persönliche Verwirklichung und das private Glück.

Dass der Frauenbewegung der Nachwuchs wegbleibt, liegt allerdings auch daran, dass es ihr nicht gelungen ist, ein Rollenbild zu entwickeln, das realen Frauen gerecht wird. Die Annahme beispielsweise, dass sich die Frauen scharenweise wirtschaftlich unabhängig machen und sich dann von ihren Unterdrückern – gemeint sind die Ehemänner – trennen würden, blieb natürlich eine verunglückte Utopie. Erstens sind viele Männer gar nicht so übel und zweitens wollen ihre Frauen auch gerne mit ihnen zusammenleben. Doch über einen konstruktiven Umgang mit dem anderen Geschlecht war von den Feministinnen nicht viel zu lernen. Männer gaben entweder das Kasperle oder den Täter im Theaterstück der lila Latzhose. »Das Bindeglied der Frauen war das gemeinsame Leiden«, wie die Sozialwissenschaftlerin Barbara Schaeffer-Hegel, Gründerin der Europäischen Akademie für Frauen in Politik und Wirtschaft meint. »Dann gibt es zwar immer noch die Unzufriedenen, die andere Unzufriedene suchen und zusammen den Chor anstimmen, wie schrecklich alles ist, aber das bringt uns ja nicht weiter.« Die Hamburger Autorin und Feminismus-Kritikerin Signe Zerrahn kritisiert das als »gruseliges Selbstmitleid«. Und die jungen Frauen ahnen: Wer sich ständig zum Opfer stilisiert, braucht sich nicht zu wundern, wenn er entsprechend behandelt wird.[17]

Ein weiteres Argument wirft Judith Butler, Philosophin an der University of California in Berkeley, in den Ring: Frauen seien weltweit viel zu unterschiedlich, als dass der Feminismus sie als eine politische Gruppe mit gemeinsamen Zielen definieren könnte. Und wer einerseits fordere, dass Biologie kein Schicksal sein dürfte, kann nicht zugleich dem Ideal einer ursprünglichen Weiblichkeit anhängen, die nur vom Patriarchat befreit werden müsse.[18] (Apropos Argumente aus der Biologie: siehe dazu auch Exkurs 2). Katharina Rutschky schreibt in ihrem Buch *Emma und ihre Schwestern*: »Mythenpflege ersetzt die Nachforschung nach all den Frauen, die der Bewegung im Lauf der Jahre verloren gegangen sind und das Nachdenken darüber, warum es zu keiner Traditionsbildung gekommen ist«.[19] Auch Doris Lessing, Schriftstellerin und früher mal Feministin von Weltruhm, wendet sich mit Grausen gegen die faulen Früchte der Emanzipation: »Die dümmsten, ungebildetsten und scheußlichsten Frauen können die herzlichsten, freundlichsten und intelligentesten Männer kritisieren und niemand sagt etwas dagegen.« Männer sollten sich Lessings Meinung nach wehren gegen ihre »sinnlose Erniedrigung durch die denkfaule und heimtückische Kultur des Feminismus«.[20]

Aus Sicht auch vieler ursprünglich wohlmeinender Männer hat sich der Feminismus sowieso überlebt: »Die privilegierteste Gruppe, die es je in der Geschichte gab, ist die weiße Amerikanerin der Mittelklasse,« meint Warren Farrell. Finanziert von Mann oder Staat, mit Machthoheit über Sexualität, Schwangerschaft und Sorgerecht, beschreibt er, die wichtigste Stimme der US-Männerrechtsbewegung, das Luxusleben vieler Frauen. Nie zuvor war eine 52-prozentige Mehrheit via Gleichstellungsgesetzgebung, Mutterschutz und Sorgerechtsansprüchen so unter Artenschutz gestellt wie heutzutage die Frau. Die Folgen könnten verheerend werden: Die ersten Männerschutzgruppen (siehe auch Kapitel 10: »Das schwache Geschlecht: Männer«) arbeiten daher schon an einem grundsätzlich geteilten Sorgerecht und einem Mitspracherecht bei Abtreibungen.

Exkurs 2:
Biologie

»Eh dein Kopf zum Totenkopf erkaltet:
Bleib erschütterbar – doch widersteh!«

Peter Rühmkorf

Da sich in Deutschland in den vergangenen Jahren trotz aller Gleich-
berechtigungsgesetze und Frauenförderbeauftragten in der Geschlechterfrage nicht viel getan hat, werden neue Antworten auf die
alte Frage gesucht, warum der Frauenanteil in allen Bereichen des
öffentlichen Lebens nicht endlich wächst. Die naheliegendste Antwort: »Die Frauen haben keine Lust auf den ganzen Stress« wird
nicht gerne vernommen, also müssen andere Argumente her. Gesucht werden sie zur Zeit schwerpunktmäßig in der Biologie und
ihrer Unterdisziplin, der Verhaltensforschung. Da werden Neu-
ronen gezählt, Gehirngrößen vermessen (das der Männer ist tatsächlich rund zehn Prozent größer), Babys und Primaten beobachtet. Denn es ist derzeit nachgerade modisch, Männer und Frauen
quasi als Anhängsel an ihre verschiedenen Geschlechtsmerkmale
und Gene zu erklären.

Dabei kommt dann zum Beispiel heraus, dass Frauen für ihr
Leben gerne quasseln, wie Nicole Hess, eine Anthropologin an der
University of California in Santa Barbara nach einer empirischen
Untersuchung behauptet. Sie und ihre Kollegen wollen überdies
herausgefunden haben, dass Männer stärker auf die Androhung von
Gewalt reagieren, als auf die Drohung, böse Gerüchte über sie zu
verbreiten. Frauen dagegen fürchten eher um ihren Ruf. Immer
schön nach dem Motto: »Was ich selber denk und tu, trau ich allen
andern zu«, denn Frauen benutzen Klatsch als Machtinstrument,
um den Ruf und den sozialen Status ihrer Rivalinnen zu schädigen
– behauptet zumindest die Studie von Frau Hess.[1]

Darüber hinaus lernen wir von den Forschern beispielsweise, dass alle Säugetiere den Geschlechtsverkehr möglichst rasch vollziehen, weil sie beim Akt potenziellen Angreifern ziemlich wehrlos ausgeliefert sind. Menschliches Kuscheln und Schmusen bilde daher nur den dünnen zivilisatorischen Lack über dem animalischen Erbe: Einen Versuch also, Partnerschaften zur Aufzucht der Jungen zusammenzuhalten. Denn: Die durchschnittliche männliche Orgasmus-Erreichungsdauer liegt bei 2,5 und die der Frauen bei 13 Minuten. Frau darf sich also nicht wundern, wenn Schatzi sofort schuldbewusst den Keller aufräumt, weil sie ihn gebeten hat, künftig zärtlicher zu ihr zu sein. Dafür darf er sich nicht ärgern, wenn die Liebste auf der nächsten Fete den dämlichsten Macho-Knackarsch anhimmelt: Testosteronstarke Halbaffen versprechen eben fette Beute und wehrhafte Verteidigung der Brut.

Schwachsinn? Finde ich eigentlich auch. Das Fazit der Wissenschaft und vieler dieser Untersuchungen ist aber nur allzu oft: Frau kann nix dazu, wenn sie nichts zu sagen hat. Sie will eben Babys und einen starken Beschützer – auch wenn der nur Grunzlaute zum Besten geben kann. Das sind die Gene. Mann kann auch nichts dafür, er muss so sein. Er will sich eben fortpflanzen, zur Not mit Gewalt. Außerdem kriegt er schon beim Anblick des Staubsaugers die Krise – und erst recht wenn eine Chefin ihm sagt, wo der Hammer hängt.

»Sie können nicht anders. Hängt alles mit der Höhle zusammen«, schreibt Wolfgang Röhl. Die Edelfeder vom *Stern* fasst den Kenntnisstand der modernen Wissenschaft flapsig wie folgt zusammen: »Wenn der Steinzeitmann mit seiner Horde auf die Jagd ging, beschränkte er sich auf den Austausch essenzieller Infos (›Mammut von links‹). Unterdessen hockte seine Lebensgefährtin in der Höhle mit anderen Frauen und Kindern und tratschte.« Es sei also weder Zufall noch Erziehung, dass die weibliche Welt so oft als TV-Moderatorinnen, Dolmetscherinnen, PR-Damen und Personalsachverständige in Erscheinung trete und so selten als Leuchtturmwärter oder Angler.[2]

Folgen wir all den Forschern und Herrn Röhl und lassen uns einfach mal gedanklich auf die Vorstellung ein, dass der freie Wille des
Menschen eher Wunsch als Wirklichkeit sei, weil der Homo sapiens
letztlich von seiner Biologie gesteuert wird. Was lernen wir dann?
Zum Beispiel, dass leider nicht mal die gerne verbreitete Auffassung
stimmt, dass Frauen die besseren Autofahrer wären. Erstens haben
90 Prozent aller Frauen ein schlechteres räumliches Vorstellungs-
vermögen als Männer (zusammen mit der kurzfristigen Schnellkraft übrigens das einzige, in dem Frauen Männern nachweislich
unterlegen sind) und parken deswegen tatsächlich mühevoller ein.
Falls Sie's genauer wissen wollen: 82 Prozent der Männer, aber nur
22 Prozent der Frauen setzen ihren Wagen schon beim ersten Versuch akkurat neben den Bordstein. Und zweitens fahren Frauen genauso aggressiv und genauso dicht auf, allerdings mit niedrigeren
Geschwindigkeiten als Männer.[3] Die Versicherungen reißen sich
nur deswegen um Frauen am Steuer, weil die im Schnitt deutlich
weniger fahren als Männer – und auf vertrauten Wegen: zum Friseur, Kindergarten, Arbeitsplatz. Würden sie so viele Kilometer run-
terreißen, wie die Männer, wäre ihre Unfallquote sogar noch höher
als die der Herren.[4]

Legendär und ebenfalls wissenschaftlich unbestritten sind auch
weibliche Orientierungsschwierigkeiten. Kartenlesen fällt uns besonders schwer – was die notorisch witzigen Briten sogar veranlasst
hat, Frauen-Karten zu verlegen, bei denen der Süden oben ist. So
genannte »upsidedownmaps«. Männer brauchen die nicht, weil sie
in der Regel keine Mühe haben, Straßenpläne auch gegen die Fahrt-
richtung zu lesen.

Noch mehr Schwachsinn? Nein, im Gegenteil: praktisch! Denn
wenn alles Biologie ist, hat keiner an irgendwas je die Schuld – Er
wird eben Heldentenor und sie Quasselstrippe. Sie fährt das Auto zu
Klump und er geht fremd. Das liegt an den Genen und die sind be-
kanntlich Schicksal. Kein Wunder also, dass der Biologismus zur
Zeit so schwer angesagt ist – nicht nur in der Geschlechterfrage. Ent-
lastet er doch zu schön von der persönlichen Verantwortung für das

eigene Verhalten. Die Höhlentheorie ist eben einfach tröstlich für die Frauen: Können sie in Ruhe weitertratschen und ihn zur Jagd schicken. So will es die Natur, so will es der Mann. Er kann ja auch gar nicht anders.

Kann er nicht? Oder will sie nicht? Und sollte der Blick in die Steinzeit wirklich das Maß unserer Selbsteinschätzung sein und eine Handlungsanleitung zur Lebensgestaltung? Nun, zumindest nützen die damals erworbenen Fähigkeiten in der modernen Welt nicht unbedingt viel, und obendrein fällt selbst Männern die Behauptung schwer, dass dieses vorsintflutliche Verhalten wünschenswert sei. Denn selbst wenn Menschen auch durch ihre Gene in ihrem Verhalten beeinflusst werden, sind Erwachsene doch verantwortlich für das, was sie tun. Das nimmt übrigens auch jeder Rechtsstaat dieser Welt an, für Unzurechnungsfähigkeit gibt es in allen Demokratien eine ziemlich klare Definition. Gehen wir also lieber davon aus, dass gesunde Menschen wissen, was sie tun. Gene hin oder her.

6.
Wo bitte bleibt der Frauenbonus?
Weibliches Verhalten im Job

>»Eine Frau ist wie ein Teebeutel.
>Erst wenn sie in heißem Wasser landet,
>sieht man, wie stark sie ist«
>
>Harriet Rubin

Nach der Wahl der Schröder-Regierung und plötzlich fünf weiblichen Ministern, fragte sich die Grünen-Politikerin Renate Künast im *Spiegel*: »Wie kommt es, dass – obwohl sie noch niemals in dieser Republik so gleichberechtigt waren wie jetzt – Frauen in der zweiten Reihe bleiben?« Und erinnert sich: »Dabei ging es schon mal anders. Die Trümmerfrauen regelten in den Hungerjahren nach dem Zweiten Weltkrieg das Überleben weitgehend allein, und dies nicht schlecht. Doch das Matriarchat der Notzeit brach mit der Rückkehr der Männer in sich zusammen. Die Frauen ließen sich ihre Macht nehmen und fügten sich erneut ins alte Rollenspiel. Die Frauen ließen sich vom mächtigen Drei-Wetter-Taft-Syndrom befallen, dass ihnen vor allem ihre ästhetisch-repräsentativen Aufgaben zu diktieren schien«. Fazit Künast: »Mit dem geduldigen Warten auf Zuteilung allein ist es nicht getan. Kein Jammern hilft, keine Schuldzuweisungen an die männlichen Bösewichte, die die Freiräume genutzt haben, anstatt brav dem ›Please wait to be seated‹ zu folgen. In Wirklichkeit war die Geduld der Frauen die Macht der Männer«.[1] Und so lange sich an der nichts ändert, wird sich auch am Drei-Wetter-Taft-Syndrom nix ändern.

In der Tat, die fünfziger und sechziger Jahre machten den Backflash perfekt: »Meine Frau braucht nicht zu arbeiten« – der Spruch entwickelte sich geradezu zum Statussymbol, fatalerweise auch für die wieder heimgeschickten Frauen selber. Die Werbung aus diesen Jahren spricht Bände: Mammi verabschiedet den Ernährer morgens mit

Küsschen und abends, wenn er wieder heimkommt, darf er staunen, was alles Leckeres auf dem Herd steht und wie in der Wohnung alles glänzt und blitzt, dank Peister Mopper und dem lieben Frauchen.

Was lehrt uns das? Viele Frauen wollten und wollen ganz offenbar nicht außerhalb der eigenen vier Wände arbeiten, nicht Verantwortung tragen für Projekte oder gar Personal, und auch kein eigenes Geld verdienen. Sobald am Horizont einer auftaucht, der sich freiwillig mit ökonomischen Fragen beschäftigt, lassen Frauen mit einem Seufzer der Erleichterung den Griffel fallen. Eine Untersuchung aus der Schweiz zeigt, dass schon kinderlose Frauen direkt nach der Hochzeit im Schnitt sechs Stunden weniger arbeiten als gleichaltrige Singles.[2] Alles 1 000 Jahre her, werden nun viele einwenden. Wirklich? Die beiden Nürnberger Berufsforscher Maria Jungkunst und Gerhard Engelbrech haben 3 000 Mütter in Deutschland befragt. Im Osten der Republik wollen immerhin 24 Prozent von ihnen eine Vollzeitstelle, im Westen sind es nur kümmerliche sieben Prozent. Dass beide Eltern halb arbeiten, kann sich kaum eine vorstellen: Im Osten nur zwei Prozent, im Westen bis zu neun Prozent. Der moderne Lebensplan der meisten Frauen sieht offenbar immer noch vor, dass Er voll arbeitet und Sie »ein bisschen nebenher«: Das wünschen sich rund 65 Prozent in Ost und West.[3] Die Folgen sind evident: Frauen sind zwar hochqualifiziert und stellen in der Arbeitswelt personell einen größeren Anteil als je zuvor in der Geschichte. Schaut man sich aber da um, wo die Entscheidungen getroffen werden, wird es ganz schön dünn. Spätestens mit Mitte 30 verschwinden die Frauen statistisch gesehen in einem Schwarzen Loch – als Mütter in den Reihenhaussiedlungen am Stadtrand. Anonym befragt, geben 70 bis 80 Prozent der Männer in westlichen Industriegesellschaften zu Protokoll, für sie sei der Beruf das wichtigste im Leben. Für den selben Prozentsatz der Frauen ist das die Familie.[4] Folglich steigen sie aus und zwar genau in dem Moment, wo sich die ganze Arbeit, die sie ins Studium und den Aufbau ihrer Karriere gesteckt haben, endlich lohnen würde – finanziell und hierarchisch.

Anstatt endlich die Väter ihrer Kinder für Erziehungsfragen mit in Anspruch zu nehmen, wünschen sie sich Teilzeitverträge. Mit denen kann man alles mögliche machen, jedoch ganz bestimmt keine Karriere. Was ist nur aus dem Ehrgeiz, der Abenteuerlust und Experimentierfreude all dieser jungen Mädchen geworden? Wenn sie nicht völlig frustriert in der Vorstadt versauern, werden sie bestenfalls die mitarbeitende Ehefrau im Betrieb des Gatten.

Klassentreffen. Die zehnte Klasse haben wir vor rund 20 Jahren durchlitten. Zwei der Schülerinnen in einem der letzten reinen Mädchengymnasien Bayerns haben sich die Mühe gemacht, die verlorene Zeit zu suchen und alle Mitglieder der damaligen drei Parallelklassen anzuschreiben. Rund 20 Frauen Mitte 30 folgen der Einladung und treffen sich zu einem Abendessen. Fast alle haben eine Ausbildung – deren Spannbreite von der Friseurin bis zur promovierten Biologin reicht – viele haben Kinder, eine sogar stolze sechs. Der Abend wird fröhlich und schließlich erzählen alle reihum, was sie gerade so treiben. Dabei kommt heraus, dass zwei Drittel der Anwesenden im Geschäft ihrer Ehemänner, Väter oder Brüder mitarbeiten. Eine Tontechnikerin hilft in der Arztpraxis ihres Mannes, eine Betriebswirtin in der Schreinerei ihres Bruders, eine zweite mit BWL-Abschluss schmeißt die Physiotherapeuten-Praxis ihres Angetrauten ... und so weiter und so fort. Diese Frauen haben natürlich alle Kinder und sind in der Regel überqualifiziert für den Job im Familienbetrieb, der nach dem Motto zu funktionieren scheint: Er verwirklicht seine Ambitionen und Sie garniert sich lieblich drum herum.

Die mitarbeitende Gattin ist die Stütze des deutschen Mittelstandes und als solche in ihrer volkswirtschaftlichen Bedeutung gar nicht zu unterschätzen. Oft geht sie damit aber allen anderen im Betrieb nach Kräften auf die Nerven. Sie hat nämlich in der Regel eine ganz andere Ausbildung als die, die im Unternehmen von Nöten wäre, dafür aber jede Menge Ansprüche. Eine ehemalige Flugbegleiterin der Lufthansa wird Zahnarztgattin und fängt nach der Geburt zweier Kinder und einem kleinen Lehrgang an, den Patienten des Angetrauten den Zahnstein zu entfernen. Ganz nebenbei wird sie so natürlich informell zur Chefin der anderen angestellten Zahnarzthelferinnen. Die haben den Job allerdings gelernt und freuen sich sehr über die Belehrungen einer Stewardess. Aber es ist halt die Frau vom Chef.

Eine hauptberufliche Hausfrau will beweisen, dass ihr Anglistik-Studium doch zu was nütze war und möchte gerne die fremdsprachige Geschäftskorrespondenz im Kunstbedarfshandel des Gatten übernehmen. Sie versteht ziemlich viel von Shakespeares Stücken, aber ziemlich wenig von der Frage, wie man in modernem Business-Englisch hochqualitative Echthaar-Pinsel oder Acrylfarben vertreibt. Um das zu lernen und künftig sieben Briefe im Monat zu schreiben, braucht sie natürlich ein eigenes Büro und einen PC mit allem Pipapo. Die ausgebildeten Fremdsprachenkorrespondentinnen und Assistentinnen im Betrieb, die deswegen jetzt zu dritt in einem Raum sitzen müssen, werden der Gattin die Hilfe sicher von Herzen danken.

Die Liebste versteht nicht wirklich was vom Geschäft und ist auch nur ein paar Stunden in der Woche da – aber wenn sie da ist, macht sie ihren Führungsanspruch überdeutlich. Der formale Status ist der einer Aushilfskraft, der echte der einer Geschäftsführerin. Unter dieser informellen Macht, die auf nichts als einem Trauschein gründet, leidet das Betriebsklima. Die Fluktuation der von der Chefin kontrollierten Mitarbeiter steigt und der Chef macht alles mit – denn die Stimmung zu Hause ist ihm letztlich wichtiger als die im Büro. Platzt ihm schließlich der Kragen, weil ihm schon wieder eine Sekretärin/Arzthelferin/Physiotherapeutin/Buchhalterin gekündigt hat, versteht die Gattin den ganzen Ärger nicht, sie wollte doch nur alles besonders gut machen. Mutter sein, verantwortungsvolle Gattin und eine echte Partnerin in der Sorge ums Familieneinkommen.

Diese Frauen würden es sehr viel weiter bringen, wenn sie sich woanders einen Job suchten, für den sie qualifiziert sind. Als teilzeitarbeitende Gattin – im eigenen Betrieb oder für einen fremden Arbeitgeber – bleiben sie stattdessen weit unter ihren Möglichkeiten, individuell in den Unternehmen und kollektiv auf gesellschaftlicher Ebene. Warum? Letztlich nicht der Kinder wegen, denn um die könnte sich ja anteilig auch ihr Vater kümmern. Eigentlich ermöglichen all die überqualifizierten Jobberinnen lediglich erwachsenen Männern, ihre Ambition zu verwirklichen. Dagegen ist nichts einzuwenden, jede muss selbst wissen, wie sie glücklich wird. Und wer beschlossen hat, dass seine Freiheit wichtiger ist als ihre, mag getrost in den Käfig steigen (»golden« ist der in der Regel nicht, siehe Kapitel 4 über Frauen und Geld). Nur sollten die Frauen dann auch aufhören zu beklagen, dass diese Welt eine Männerwelt ist. Und sie sollten sich darüber klar werden, dass sie es sind, die mit ihrem Verhalten die Verhältnisse zementieren. Denn erst wenn auch die Väter gelegentlich um fünf das Büro verlassen, um ihre Kinder abzuholen oder gar nicht erst erscheinen, weil ein Sprössling krank ist oder gleich ein ganzes Jahr in der Elternzeit (auch: Erziehungsurlaub) verschwinden, wird es für Arbeitgeber ein ähnliches hohes Risiko, ob sie nun einen Mann einstellen und befördern oder eine Frau.

Ulrike Saade zum Beispiel redet erst gar nicht von Teilzeit. Sie meint sogar:»Karriere bekommen sie mit einer 38-Stunden-Woche nicht hin«. Die Mitvierzigerin ist Geschäftsführerin des Berliner Verbundes selbstverwalteter Fahrradbetriebe und Mutter eines 13-jährigen Sohns. Seine Erziehung teilt sie sich mit ihrem Mann – Tagesmütter, Kindergarten und Schülerladen sind Teil des Familienalltags. Sie sagt:»Meinem Sohn ist das gut bekommen«. Ihrem Mann wohl weniger, denn der muss mit ran. Saade nennt neben der so beliebten Opferhaltung vieler Frauen, die im vorhergehenden Kapitel für den privaten Bereich schon skizziert wurde, einen weiteren Aspekt, mit dem Frauen sich beruflich selber ausbremsen: Sie trauen sich nichts zu. Die Selbsteinschätzung vieler Frauen sei schon »ziemlich krass«. Ihre Mitarbeiterinnen würden oftmals gar nicht glauben, wie gut sie wären.

Bei vielen Frauen herrscht offenbar auch die Meinung »Erfolg macht hässlich«. Das zumindest vermutet Annette Hillebrandt, die für ihr Buch *Macht Arbeit Frauen wirklich glücklich?* viele Frauen interviewt hat. Die so genannten Karrierefrauen, die sie dabei auch getroffen hat, sind jedoch weit von diesem Image entfernt: Von den kinder- und mannlosen Amazonen mit dem herrischen Zug um den Mund keine Spur. Stattdessen spielt bei ihnen »Lust auf Arbeit eine zentrale Rolle«, das meint zumindest Anne Volk, Chefredakteurin der *Brigitte* und gleichzeitig Verlagsgeschäftsführerin bei Gruner & Jahr.[5] Aber genau an der Lust fehlt es den Teilzeitbegeisterten ganz offenbar. »Die Karriereorientierung ist bei Frauen grundsätzlich schwächer«, meint auch die Wissenschaftlerin Sonja Bischoff, die seit Jahren Führungsfrauen und -männer studiert.

Das liegt natürlich an der Glasdecke, an der all die vielen aufstiegswilligen Damen sich das Näschen blutig stoßen, weil die Männer sie nicht machen lassen. Oder? Bei einer Forsa-Umfrage im Februar 1998 sagten 68 Prozent der berufstätigen Frauen, dass sie sich im Arbeitsleben nicht benachteiligt fühlen.[6] So schlimm kann es mit der Verschwörung der alten Jungs also nicht sein. »Meine Erfahrungen im Unternehmen und als Personalberaterin haben mich davon überzeugt, dass nicht die Diskriminierung am Arbeitsplatz den Frauen das Fortkommen schwer macht«, bestätigt Ulrike Wieduwilt, die erst im Key-Account-Management von Mars gearbeitet hat und heute bei dem Headhunter Russel Reynolds nach Führungsfrauen fahndet. »Entscheidend ist vielmehr, ob sich eine Frau entschlossen hat, vieles von den Freuden des Lebens, die sie als Frau in der Familie haben könnte, gegen die Freuden des beruflichen Fortkommens und Aufstiegs zu tauschen. Das bedeutet nicht unbedingt den Verzicht auf Familie und Kinder. Aber es bedeutet viel Selbstdisziplin und einen hohen Grad der Selbstorganisation«, so Wieduwilt. »Frauen müssen wissen und damit rechnen, dass mit dem Eintritt in eine ›Männerwelt‹ für sie die gleichen Regeln zu gelten beginnen, wie für die Männer auch. Viele mögen das nicht glauben und fordern für sich eine Art Frauenbonus. Den wird es und kann es auch nicht geben«.[7]

Das Problem sind also offenbar nicht machtgeile Männer, sondern Frauen, die sich entweder nichts zutrauen oder meinen, Frau sein alleine reiche schon. Und Frauen, die auf die falschen Fähigkeiten setzen und die falsche Ausbildung machen. Den Verdacht hegt auch Angelika Roth, Präsidentin des Deutschen Verbandes Berufstätiger Frauen. »Wenn mehr Frauen die Möglichkeiten der Gesetzgebung in Anspruch genommen hätten, wären wir schon viel weiter.« Die Frauenbeauftragten in den Unternehmen hingegen monieren: »Die berufliche Orientierung der Mädchen ist immer noch katastrophal einseitig. Sie interessieren sich meist nicht für technische Berufe«, wie beispielsweise Traudel Klitzke sagt, Frauenbeauftragte bei VW. »Aber wir stellen nun mal Autos her und brauchen deswegen Techniker«.[8] Frauenlobbyistin Roth hat auch beobachtet: »Frauen knüpfen Kontakte, damit die Kinder betreut werden. Männer sind da viel weiter. Bei denen geht es immer um Job, Karriere oder Geld«.[9]

Überhaupt gehen die vermeintlich hilfreichen Waffen der »sozialen Kompetenz« und der »weiblichen Kontaktfreude« regelmäßig nach hinten los. »Ich warne davor, zu glauben, dass Frauen über die Schiene der sozialen Kompetenz erfolgreich werden können. Wir haben Mitte der achtziger Jahre bereits eine eklatante Fehleinschätzung der Chancen von Frauen gehabt, weil eine Studie eines Managementinstituts zum Ergebnis kam, dass Kommunikationsfähigkeit und guter Umgang mit Menschen künftig die wichtigsten Fähigkeiten des Top-Managements sein sollten. Darauf basierte die Prognose, dass nun die Zeit der Frauen gekommen sei. Doch das war mitnichten der Fall. Mit sozialer Kompetenz lässt sich noch keine Karriere begründen, man braucht ebenso Durchsetzungsstärke und Konfliktbereitschaft. Und das ist den Frauen auch bewusst. Sie betonen beide Kriterien als Voraussetzung für den Aufstieg. Männer heben das nicht hervor, für sie ist es eine Selbstverständlichkeit«, erklärt auch Sonja Bischoff, die Hamburger Frauenforscherin.

Die berühmte weibliche soziale Kompetenz entpuppt sich bei näherem Hinsehen gar als Karrierebremse. »Männer können leichter zwischen Rolle und Selbst unterscheiden und damit Konflikte leichter bewältigen«, beobachtet Birgit König, die als Partnerin bei der Unternehmensberatung McKinsey Dutzende von Unternehmen aus der Nähe studiert. »Eine unerfreuliche oder angespannte Umgebung wird von Männern oft als weniger problematisch gesehen als von Frauen, die dann die Energie in die Beseitigung eines möglicherweise nur temporären Konflikts investieren, die Männer bereits in die Bewältigung der nächsten Aufgabe stecken.« Einen weiteren unangenehmen Aspekt der weiblichen Beziehungsorientierung beschreibt die schon mehrfach zitierte Autorin Ute Ehrhardt: »Frauen sind nachtragender als Männer. Sie trennen Gefühl und Geschäft weniger gut. Während Männer nach einer beruflichen Konfrontation noch zusammen ein Bier trinken können, bleiben viele Frauen auf emotionaler Distanz«. Sie beschreibt in ihrem schon mehrfach zitierten Buch *Die Klügere gibt nicht mehr nach*, was eine befreundete Anwältin ihr erzählt hat: »Wenn zwei Anwälte vor Gericht heftig gestritten haben, kann man sie trotzdem wenig später in der Kantine fröhlich zusammen plaudern sehen. Bei Rechtsanwältinnen ist das häufig anders. Jede stürmt in eine andere Richtung davon.« Männer dagegen pflegen ihre Rituale der Stärke: Ein beleidigter Rückzug schwächt schließlich das Ansehen. Harriet Rubin, die Autorin des *Machiavelli für Frauen*, glaubt sogar, dass Frauen auch deswegen so viele Niederlagen erleben, weil sie dazu neigen, *gegen* etwas zu kämpfen, anstatt *für* etwas. »Weibliche Kämpfer sind fast immer von Rache motiviert. Rache will etwas Falsches richtig stellen, einen Ruf retten, die Toten verteidigen. Energie ist jedoch sehr viel besser in den Versuch investiert, für etwas zu kämpfen, zum Beispiel für das Recht, interessante Arbeit zu machen. Für sich selbst und die eigenen Ziele zu kämpfen, ist nicht egoistisch. Denn wenn Frauen mehr haben, können sie auch mehr geben, befreit von dieser Geisteshaltung der Furcht, die immer flüstert: ›Werde ich genug Zeit, genug Kraft, genug zu geben haben?‹«.[10]

Aber wollen Frauen überhaupt kämpfen? Die Psychologin Nathali Klingen promovierte über Männer und Frauen in Führungspositionen. Sie sagt: Frauen bevorzugen in erster Linie demokratische

Strukturen und konsensorientierte Gruppen. Die gibt es aber in den meisten Unternehmen nicht, kann es auch gar nicht geben, denn der Unternehmenszweck ist die Erwirtschaftung von Profit. Demokratische Diskussionsrunden gelten in dieser Welt meist als nicht zielführend, denn sie kosten zu viel Zeit und Geld. »Je höher die Führungsebene, desto mehr gelten männliche Spielregeln – das heißt, dass in bestimmten Situationen der Teamgeist zweitrangig ist«, erläutert Psychologin Klingen. Und ihr Fazit? »Da sie in einer männlich geprägten Welt zurecht kommen müssen, sollten Frauen den Wohlfühlaspekt in der Gruppe auch mal vernachlässigen können – zugunsten der Ergebnisse«.[11] Das Erstaunliche an diesen Ausführungen ist nicht ihr Inhalt, sondern ihr Zeitpunkt. Offenbar muss man Frauen im Jahr 2001 noch sagen, dass man nicht zum Kuscheln ins Büro fährt, sondern um Ergebnisse zu erzielen.

»Männer bewegen sich linear vom Problem zur Lösung«, beschreibt auch Elizabeth Williamson, die Korrespondentin des *Wall Street Journal* in Warschau die Unterschiede in weiblichen und männlichem Verhalten. »Für Frauen ist das Problem schon halb gelöst, wenn sie es sich von der Seele geredet haben«.[12] Ähnliches beschreibt die bekannte Regisseurin und Autorin Doris Dörrie (richtig: die, die den Film *Männer* drehte): »Frauen wollen keine Lösungen für ihre Problem vorgeschlagen bekommen, sie wollen über das Problem *reden*«.[13]

Überhaupt das Thema Sprache. Deborah Tannen, Linguistik-Professorin an der Georgetown University in Washington hat jahrelang Gespräche von Männern und Frauen aufgezeichnet und die gängigen Klischees bestätigt gefunden: Frauen haben eine Beziehungssprache – reden also vor allem, um Einverständnis und Intimität herzustellen –, Männer hingegen benutzen Sprache hauptsächlich, um Informationen auszutauschen und Hierarchieebenen auszuhandeln. Im Job wird das schnell zum Problem. Frauen neigen nämlich dazu, Fragen zu stellen »Sollten wir vielleicht ... ?«, »Was halten Sie davon ... ?«, »Lassen Sie uns doch ... ?«. Männer hingegen treffen Feststellungen. Frauen gehen selbst bei ganz normalen Sätzen am Ende mit der Stimme hoch, was rein durch die Betonung aus einer Feststellung eine Frage werden lässt. Männer hingegen nehmen den Ton am Ende ihrer Sätze runter – so wird selbst aus einer als Frage gedachten Äußerung eine Feststellung. Sicherer und kompetenter wirkt natürlich der Sprecher, der seine eigene Äußerung nicht sofort wieder in Frage stellt.

Ebenso vermeiden Frauen offene Aggression auch sprachlich, Männer betrachten eine verbale Konfrontation eher als Versuch, die Konversation zu beleben. Welcher der beiden Sprachtypen wird wohl einem Chef signalisieren, dass er den Laden im Griff hat und durchsetzungsstark ein Problem lösen kann?

Bei öffentlichen Reden und Beiträgen in einer größeren Gruppe beanspruchen Männer mehr Redezeit, unterbrechen häufiger und beziehen Frauen seltener mit ein als umgekehrt. Besser vorbereitet und überzeugender wirken so natürlich die Männer. Und das hat Folgen. Erzählte doch der Vorstandsvorsitzende eines großen US-Konzerns der Sprachforscherin Tannen, dass er oft in fünf Minuten über Projekte entscheiden müsse, an denen andere fünf Monate lang gearbeitet haben. Dabei würde er sich an folgende Regel halten: »Wenn die vortragende Person von der eigene Sache überzeugt wirkt, stimme ich zu. Wenn nicht, dann nicht«.[14] Schein bestimmt das Sein. Und letztlich ist das ganze Leben ein Marketingproblem.

Kein Wunder also, dass schon die Wahl ihres persönlichen Ausdrucks Menschen so in Frauen und Männer einteilt, wie Unternehmen Leute in Chefs und Untergebene. Die weibliche Hälfte der Welt läuft verbal immer auf Rang zwei: In hierarchischen Aufzählungen wie »Adam und Eva« sowohl auch bei Berufsbezeichnungen – »Lehrerin«, »Ärztin«, »Ingenieurin« – wird stets von der maskulinen Form abgeleitet. Nur in den Domänen Schrubben, Fortpflanzung und Kommunizieren ist das Vokabular weiblich: »Putzfrau« und »Hausmütterchen«, »Hebamme« und »Blondine«, »Quasselstrippe« und »Klatschbase« sprechen Bände. Ebenso das schon im Vorwort erwähnte, alte Sprichwort, mit dem schon auf dem Schulhof Grundschüler ihre Banknachbarinnen triezen: »Damen sind dämlich und Herren herrlich«.

Chefinnen allerdings bekümmert die Sprachwissenschaft nicht im geringsten. Sie unterbrechen wen und wann sie wollen, bestimmen das Gespräch und fürchten sich auch nicht vor verbalen Konfrontationen. Linguisten meinen: Mit der sozialen Rolle ändere sich auch das Sprachverhalten.[15] Ich meine, es ist genau andersherum: Wer sein Verhalten ändert, kann auch die ihm oder ihr zugedachte Rolle ändern. Alles eine Frage des Trainings und der Entschlossenheit.

Doch daran herrscht Mangel. Auch in beruflichen Fragen tauchen die charakterlichen Deformationen vieler Frauen wieder auf, die schon in vorherigen Kapiteln beschrieben sind. Vor allem ihre Weigerung, Verantwortung für sich selbst und andere zu übernehmen. Ursula zur Hausen, Generaldirektorin bei Avon Cosmetics, beklagt genau das. Frauen begnügten sich zu schnell mit einer untergeordneten Position. »Männer wollen schnell nach oben« sagt auch Petra Eberlein, Direktorin bei der Commerzbank. »Sie wissen das meist schon, wenn sie sich bewerben« – und stellen Ansprüche. Was Frauen offenbar schwer fällt: »Wer nicht sagt, was er will, der kriegt auch nichts«, so Eberlein. Und so warten Frauen oft vergebens auf eine Beförderung, statt sich zu melden und dem Unternehmen zu signalisieren: Mit mir könnt Ihr rechnen! Christa Häußler, als Informatikerin beruflich fast immer in einem Männerumfeld, beobachtet noch eine weitere fatale Folge weiblicher Bescheidenheit: »Frauen können ihr Ego hinten anstellen und setzen die Aufgabe oder das Unternehmen an den ersten Platz. Und genau das wird für viele zur Falle«. Die Vize-Präsidentin New Technologies bei der Bertelsmann Music Group in New York erläutert: »Frauen arbeiten und Männer promoten sich. Mit dem Ergebnis, dass sie die Arbeit macht und er Chef wird. Das ist natürlich toll für die Unternehmen und mies für die Frauen«.[16] Das fällt auch der Managementberaterin und Autorin Gertrud Höhler auf. Sie meint, Frauen ersparen sich die »Peinlichkeit der Prahlerei«. Sie lehnen das Getrommel der Männer ab und hoffen, dass Vorgesetzte das ungleiche Spiel durchschauen. Aber Höhler weiß auch: »Weit gefehlt. Diese Chefs sind ebenfalls Männer und sie honorieren das männliche Erfolgsgebaren. Wer lauter von sich redet, hilft dem Chef bei der Entscheidungsfindung«.[17]

Die Praktikerinnen erkennen bei anderen Frauen auf »mangelndes Selbstbewusstsein« trotz hoher Qualifikation. Frauen scheuen sich vor dem spontanen »Ich schaff das schon«, das Männern so viel leichter über die Lippen geht. »Frauen sind Sicherheitsfanatiker« findet auch Rolf Wunderlich, Leiter des Instituts für Führung und Personalmanagement der Universität St. Gallen. Seine Meinung teilt Sylvia Seignette, Vorstandsmitglied der Chase Manhattan Bank: »Frauen sind sehr vorsichtig und das wirkt nicht sehr konstruktiv«.[18]

Die oben schon erwähnte Münchner Psychologin Natali Klingen fand in ihrer Arbeit über Frauen in Führungspositionen heraus, dass sogar ausgewiesene Karrierefrauen schon bei kleinen Seitenhieben ihren Wert als Mensch und Arbeitskraft gleich komplett in Frage stellen. Die Sozialpsychologin Andrea Abele-Brehm von der Universität Erlangen-Nürnberg kann da nur zustimmen: Frauen neigten dazu, Kritik vorschnell zu akzeptieren. Männer geben sich zumindest nach außen hin deutlich cooler.[19]

Generell neigen Frauen dazu, ihren Gefühlen auch am Arbeitsplatz freien Lauf zu lassen. Ich kann mich nicht erinnern, jemals einen Mann in einer Konferenz in Tränen ausbrechen gesehen zu haben, aber ich erinnere mich an diverse Frauen, die auf die Tränendrüse drückten, wenn sie unter Beschuss gerieten oder um Argumente verlegen waren. Zum Beispiel an die Betriebsrätin eines großen Wirtschaftsverlages, die türeknallend den Raum verlässt, wenn sie nicht mehr weiterweiß. Das kommt bei Männern nicht gut an – und bei professionellen Frauen auch nicht. Juliane Wiemerslage, Juristin und Arbeitsdirektorin bei IBM Deutschland, sagt: »Mit Emotionen erreicht man wenig. Deshalb habe ich früh gelernt, sie im Griff zu behalten«.[20]

Wer Karriere machen will, muss wissen: »Das alte Handwerk der Macht, entwickelt in tausenden Jahren des Patriarchats, beruht auf

Seilschaften und Allianzen. Zum Handwerk gehört die Kunst des Wartenkönnens, der Statusdemonstration, der Machtdifferenzierung, auch die Intelligenz des wandlungsfähigen Chamäleons. Zur Not bedient sich das Chamäleon der feingesponnenen Intrige. Lauter Dinge, von denen anständige Mütter ihren braven Töchtern erklärten, sie wären bäh-bäh,« beschreibt Sylvia Schreiber im *Spiegel*.[21]

Kein Wunder, dass die braven Töchter in Westdeutschland nur rund 75 Prozent von dem verdienen, was die Männer in vergleichbaren Jobs kriegen. »Nach wie vor stellen sich Frauen bei Gehaltsverhandlungen blöd an«, weiß auch die Münchner Unternehmensberaterin Claudia Harss. Elmar Richter, Gehaltsexperte bei der Personalberatung Kienbaum musste in einer neuen Studie zum Thema Geschäftsführergehälter sogar feststellen, dass Lady-Bosse bis zu 40 Prozent unter dem Durchschnittsgehalt für Geschäftsführer liegen[22]. Das liege daran, so der Berater, dass Frauen meistens kleine GmbHs führen, aber auch an ihrer zu großen Bescheidenheit, wenn es um den eigenen Geldbeutel geht. Das konstatiert auch Richters Kollegin bei Kienbaum, Martina Borgmann: »Frauen sagen: ›Sprechen wir darüber, wenn ich die Arbeit gut gemacht habe.‹« Männer dagegen hätten keinen Zweifel, dass sie ihre Arbeit schaffen – und fordern von daher auch ganz entspannt und von vornherein eine angemessene Vergütung ihrer Mühen.[23]

Auch das Misstrauen der Frauen sich selbst und dem eigenen Geschlecht gegenüber taucht in der Arbeitswelt wieder auf. Nur 26 Prozent der deutschen Frauen würden ihre Kolleginnen lieber unterstützen, als mit ihnen zu konkurrieren – verglichen mit Großbritannien (48 Prozent) oder Schweden (49 Prozent) rivalisieren deutsche Frauen untereinander also ganz gewaltig.[24] Die Mehrheit der Frauen sagt auch, es mache für ihre Leistung im Job keinen Unterschied, ob der Chef männlich oder weiblich sei. Aber diejenigen, die einen Unterschied sehen, wollen lieber einen männlichen Chef.[25] In der selben Studie, für die 1 114 weibliche Führungskräfte in Deutschland, Frankreich, Großbritannien, Italien, Polen und Schweden befragt worden sind, schätzen 81 Prozent der Frauen ihre

Rolle in der Arbeitswelt positiv und zuversichtlich ein. Dabei denken britische Frauen am positivsten und deutsche am negativsten: 93 Prozent der Inselbewohnerinnen meinen, dass Frauen heute im Job erfolgreich agieren können, aber nur 67 Prozent der Teutoninnen. Ebenso sagen acht von zehn Britinnen, sie seien heute weniger mit Karrierehindernissen konfrontiert – das findet aber nur jede vierte Deutsche.

Mag also sein, dass britische Männer ihre Frauen und Kolleginnen engagierter unterstützten. Wenn man aber weiterliest und feststellt, dass die deutschen Frauen von allen befragten Europäerinnen körperliche Attraktivität für den Erfolg im Job am wichtigsten finden – Deutsche sagen das mit 46 Prozent, Britinnen und Schwedinnen aber nur mit acht respektive fünf Prozent – drängt sich doch der Eindruck auf, dass meine Landmänninnen einen ziemlichen Weibchentick haben, auch im Job.

Das Schlimmste jedoch ist: Frauen sind Biester – vor allem untereinander. Die Solidarität unter Frauen ist so unterentwickelt, dass man sich wirklich fragen muss, wie ausgerechnet diese missgünstigen Weiber jemals auf die Idee kommen konnten, dass Männer ihre Macht freiwillig mit ihnen teilen werden. Denn für eine Frau ist nichts absurder, als einer anderen freiwillig auch nur das Schwarze unter dem Fingernagel abzutreten. Unsere Landwirtschaftsministerin Renate Künast sagt: »Frauen mit beruflicher Ambition werden nach wie vor skeptisch beäugt, weniger von Männern, als vielmehr von den eigenen Schwestern«. Und weiter: »Wo Männer über persönliche Abneigungen und unterschiedliche Meinungen hinweg zu einer gemeinsamen Strategie kommen, lassen sich Frauen bereitwillig spalten«. So verlaufe die aktuelle Bruchlinie in der Politik zwischen Fach-Frauen und Frauen-Frauen. Inzwischen hätten sich nämlich viele entschieden, die Bereiche Küche, Kinder, Kirche da zu lassen, wo der Pfeffer wächst und sich auf das Feld der »harten Politik« begeben, da wo es um Arbeitsplätze, Steuern, Rechts- und Innenpolitik geht. Denen stünden »ratlos und gelegentlich sogar unversöhnlich« die Frauen-Frauen gegenüber, die sich weiterhin vor allem um das Thema Gleichberechtigung bemühen. »Nie war die organisatorische Spaltung der Frauen so tief wie heute«.[26]

Ganz ähnlich lauten die Beobachtungen der Hamburger Frauenforscherin Sonja Bischoff: »Insbesondere Frauen in den höheren Führungsetagen und Frauen in Unternehmen mit besonders hohen Frauenanteilen in Führungspositionen haben überdurchschnittlich häufig negative Erfahrungen mit vorgesetzten Frauen gemacht«. Rivalität, Konkurrenzdenken, Neid – die Professorin spricht gar von Stutenbissigkeit – belasten oft die Arbeitsbeziehungen.[27] Ähnliches hat die legendäre amerikanische Sexforscherin Shere Hite in einer großangelegten Untersuchung zum Thema »Männer und Frauen bei der Arbeit«[28] beobachtet: Neben dem ganzen Hassel mit den Männern, »sehen sich Frauen, die mit anderen Frauen als Kolleginnen, Sekretärinnen oder Vorgesetzte zusammenarbeiten, mit zusätzlichen Problemen konfrontiert: Die anderen Frauen werden entweder in die Rolle als Konkurrentinnen oder aber als beste Freundinnen gedrängt« (siehe zu Hites Untersuchung auch Exkurs 3).

Die alleinerziehende Tatjana Pichler beispielsweise arbeitete für eine Kunstmarketingagentur und hatte ein ständig schlechtes Gewissen »weil Lilith immer die letzte war, die abends im Kindertagesheim abgeholt wurde«. Als das Töchterchen krank wurde, akzeptierte ihre Chefin nicht, dass Pichler bei dem Kind bleiben wollte. »Ich hätte nicht gedacht, dass ausgerechnet Frauen so hart sein können«.[29] »Frauen haben im Lauf der Menschheitsgeschichte einfach noch nicht gelernt, loyal miteinander umzugehen«, sagt auch Angelika Roth, Präsidentin des Verbandes Berufstätiger Frauen. Solange Frauen ihre Kräfte im Kampf um die Gunst des Mannes verschleißen, anstatt sich zu verbünden, kämen sie nicht weiter.[30] Aber immer noch werden Schwierigkeiten im Job mit Vorurteilen und Macho-Allüren von den Frauen als individuelles Problem erlebt. Selten schließen sich die Frauen in einem Unternehmen zusammen und fragen ihren Chef gemeinsam, warum Frauen hier nicht befördert werden. In USA ist das ganz anders – da allerdings gibt es auch die Möglichkeit, eine Sammelklage gegen Diskriminierung einzureichen, die hierzulande fehlt. Dennoch: Wenn all die Käuferinnen von *Machiavelli für Frauen* und all der anderen Karriere- und Strategieratgeber sich mit der Kollegin im Nachbarbüro zusammentäten, wäre schon viel gewonnen. Stattdessen liefern die meisten Frauen eine Solonummer und knirschen im Schlaf mit den Zähnen. Frauen, die an Netzwerken und am Schulterschluss arbeiten, erleben oft Neid und Intrigen, wie Monika Rühl, Beauftragte für Chancengleichheit bei der Lufthansa beobachtet hat: »Jede, die sich in Sachen Frauenpower hervortut, trifft ganz schnell Frauen, die an ihr herumkritteln. Auf diese Art und Weise beschäftigen wir Frauen uns wunderbar mit uns selbst«.[31]

Und wie ist das nun mit den Dinosauriern in den Unternehmen, die die Frauen am Aufstieg hindern? »Natürlich gibt es Männer, die absolut keine Frauen am Arbeitsplatz sehen wollen,« schreibt die Sexforscherin Shere Hite in einer Untersuchung zum Verhalten von Männern und Frauen am Arbeitsplatz, »aber sie sind eine Minderheit in meiner Untersuchung.« Die von ihr befragten Vorstandsvorsitzenden großer Konzerne und Bosse großer Organisationen – darunter Leute wie Juan Villalonga, Chef der spanischen Telefonica, Mark Wössner, Ex-Chef der Bertelsmann AG oder Rudoph Giuliani, ehemaliger Bürgermeister von New York City – bejahen den Aufstieg der Frauen in die Managementebenen.[32] Die Karrierefrauen selber meinen in der Regel, von männlichen Vorgesetzten eher gefördert worden zu sein. Zum Beispiel die IBM-Managerin Juliane Wiemerslage lobt ihre früheren Chefs: Hans-Werner Richter und den damaligen IBM-Europa-Chef Frederico Castellanos, der ihr riet, in den täglichen Meetings stärker auf sich aufmerksam zu machen. Gute Arbeit sei wichtig, man müsse sie aber auch wahrnehmen.[33] Kein Einzelfall, viele Unternehmen bemühen sich um Chefinnen. Die Lufthansa hat 39 Prozent aller Führungspositionen mit Frauen besetzt, die Münchner Rückversicherung beteiligt sich an den Kosten für Kinderbetreuung, die Deutsche Telekom leistet sich eine Abteilung für Chancengleichheit und hat 16 Prozent weibliche Mittelmanager. Die Deutsche Bank musste nach der Übernahme von

Bankers Trust verblüfft feststellen, dass es in den USA tatsächlich Bankerinnen gibt, die was zu sagen haben und versucht nun, ähnliche Strukturen in Europa einzuführen. McKinsey veranstaltet Segeltörns nur für Frauen, um mehr Röcke in die Konferenzzimmer zu locken. Das alles ginge nicht, wenn nicht männliche Chefs Ressourcen dafür bereitstellten.

Unternehmensberaterin Birgit König findet die ganze Schuldfrage sowieso kontraproduktiv: Im Büro »darüber nachzusinnen, ob das Umfeld Männer möglicherweise bevorzugt, ist absolut nicht hilfreich. Wenn nämlich erst das Umfeld als Schuldiger identifiziert ist, nimmt der Zwang, an sich selbst zu arbeiten, ab. Die Frau nimmt sich damit möglicherweise wichtige Entwicklungsmöglichkeiten«.[34] Trotzdem sind viele Artikel über Frauen, die in Männerdomänen aufsteigen, immer noch überschrieben mit Titelzeilen wie »Im Feindesland«.[35] Wer baut hier also eigentlich welche Feindbilder auf? Interessant auch das Erlebnis eines leitenden Wirtschaftsredakteurs. Er hatte seinen Büro-Computer so programmiert, dass er jedes Mal mit lasziver Frauenstimme sagte »Master, I have got mail for you!«, wenn eine E-Mail für ihn eintraf. Die Kolleginnen waren darüber sehr erbost und fanden den Kollegen samt Spruch frauenfeindlich – zumindest die Abschaffung der Computerstimme setzten sie auch durch. Über dieses Auftreten kann man streiten. Erstens ist es humorlos, zweitens zickig und drittens wird es auch den liberalsten Mann überzeugen, dass viele Frauen an Verfolgungswahn leiden und schon von daher nicht ganz zurechnungsfähig sind. Hilfreicher wäre es jedenfalls, zu kontern und dem Kollegen immer mal wieder einen männerfeindlichen Witz zu erzählen. Keinen auf Lager? Nehmen Sie einen von mir: Wann ist ein Mann geistig in der Lage, die Klobrille runterzuklappen? Nach einer Geschlechtsumwandlung. Wirkt immer.

Exkurs 3:
Shere Hite über Sex & Business

> »Und kann ein Frauenzimmer dafür,
> wenn es auch ein Mensch ist?«
>
> Rahel Varnhagen

Noch im Jahr 2001 findet sich im Programm des Management-Seminars »Wie man(n) Frauen führt« der Tagesordnungspunkt »Herr der Zicken – wie behaupten Sie sich?«.[1] Wirklich entspannt ist die Zusammenarbeit zwischen Männern und Frauen also noch immer nicht. Auch nicht in den USA, obwohl es dort doch schon sehr viel mehr weibliche Mittelmanager gibt als hier. Genug jedenfalls, damit Shere Hite, eine international renommierte Autorin auf dem Gebiet menschlicher Beziehungen und sexueller Verhaltensmuster, ein Buch schreiben konnte mit dem Titel *Sex & Business – Männer und Frauen bei der Arbeit*.[2] Dafür befragte sie die Mitarbeiter von zehn Unternehmen zum Thema Zusammenarbeit der Geschlechter. Die Ergebnisse sind vermutlich nicht repräsentativ, aber trotzdem interessant. Und auf jeden Fall verdienstvoll, belegen sie doch, dass nicht nur Männer über ihre Kolleginnen merkwürdige Vorstellungen im Kopf haben, sondern auch Frauen über ihre Kollegen.

Doch zunächst die Statistik. Auf die Frage »Wie fühlen sie sich bei der Zusammenarbeit mit Ihren Kolleginnen?« antworten 51 Prozent der Männer: »Ich vollbringe die unglaublichsten Verrenkungen, um nicht zu diskriminieren und nicht in Stereotypen zu verfallen«. Fragt man Frauen nach ihren männlichen Kollegen, sagen dasselbe nur 14 Prozent. Dafür sagen 63 Prozent der Frauen »ich fühle mich manchmal unwohl und weiß nicht, wie ich mich verhalten soll«. Dieses Unwohlsein im Zusammensein mit den Kolleginnen befällt dagegen nicht einmal jeden dritten Mann.

Wenn Männer sich über weibliche Untergebene äußern, sagen 31 Prozent, das Verhältnis sei »problemlos«, 18 Prozent sagen »ich helfe ihnen, voranzukommen« und 19 Prozent: »Sie bitten mich bei ihrer Arbeit um Hilfe, und ich komme mit den Problemen meines Privatlebens zu ihnen«. Die Frauen in den gleichen Firmen nehmen ihre männlichen Chefs ganz anders wahr: Nur 27 Prozent sagen »er behandelt mich fair«, 51 Prozent finden »er versteht mich nicht und unterschätzt mich, bemerkt aber gar nicht, dass er das tut« und 22 Prozent äußern »Ich werde von ihm schwer diskriminiert, männliche Kollegen werden mir vorgezogen, und er weiß das auch«.

Was ist da bloß schiefgegangen? Hite fasst ihre Gespräche wie folgt zusammen: »Hinter vielen Managementproblemen stecken traditionelle Rollenmuster samt ihrer unrealistischen Stereotypen. Frauen nehmen Männern übel, dass sie ihnen gegenüber im Vorteil sind, während Männer Frauen möglicherweise verübeln, dass sie jetzt mehr Konkurrenz bekommen haben und dass die Arbeit nicht mehr länger ein für Männer reserviertes, privates Reich ist«.

Hite meint allerdings auch, dass es durchaus viele männliche Führungskräfte gibt, die sich mit der Ungleichverteilung der Macht nicht wohl fühlen. Sie würden das gerne ändern, haben aber keine Lust, sich mit den anzüglichen Bemerkungen der Kollegen herumzuschlagen, wenn sie eine oder mehrere Frauen tatsächlich einstellen und fördern. Falls etwas schief geht, möchte so ein Chef nicht als derjenige dastehen, der die Frauen ja unbedingt haben wollte und noch viel weniger will er sich unterstellen lassen, er hätte Affären mit den Kolleginnen.

Um das nur ja zu vermeiden, beobachten viele Frauen, dass sich Männer ihnen gegenüber unkommunikativ, reserviert und steif benehmen, während sie mit anderen Männern entspannt und fröhlich wirken. Das entsteht nicht nur aus der Angst vor anzüglichem Geschwätz, so Hite, sondern auch weil viele Jungs in der Pubertät gehänselt werden, wenn sie mit Mädchen oder ihrer Mutter zusammen sind: Feigling oder Muttersöhnchen heißt es dann. Diese pubertären Initiationsriten führen dazu, dass Männer Männergruppen fürchten lernen. Es wird von ihnen verlangt, die Mutter und die Mädchen zu verlassen und sich den Männern anzuschließen, um ein ganzer Kerl zu sein. »Im Berufsleben haben viele Männer diese Lektionen – haltet euch fern von Frauen, sonst werdet ihr nicht als Teil der Männergruppe akzeptiert – verinnerlicht und leiden unter der zunehmenden Präsenz von Karrierefrauen«, so Hite.

Frauen hingegen assoziieren ihren Chef oft mit dem Archetypus Vater, meint Hite. Eine in vielen Familien idealisierte, respektierte und gefürchtete Figur, die nicht so recht zu durchschauen ist, da ständig abwesend. Mächtige Männer im Job lösen wieder ähnliche Gefühle aus – eine Mischung aus Angst und Sehnsucht. Daraus leiten Frauen ab: Wenn du es schaffst, seine Gunst zu erringen, gewinnst du an Status. Deswegen verhalten sich Frauen oft wie brave Töchter. Entweder sie flirten, oder sie greifen zu femininer Weichheit und sanften Umgangsformen, »um so stillschweigend um eine weniger raue Behandlung zu bitten«, schreibt Hite. So beobachtet die Forscherin in ihren Interviews mit männlichen Vorstandsvorsitzenden, dass die immer wieder darauf hinweisen, dass Frauen heute härter arbeiten und weniger dafür fordern als Männer. Ganz ernst genommen werden sie so natürlich nicht.

Das Ergebnis ist laut Hite der Sand im Getriebe, der in so vielen Unternehmen so häufig rieselt. Konkret manifestiert er sich in sexueller Belästigung am Arbeitsplatz, mühsam ausgebildeten Frauen, die in Scharen die Unternehmen verlassen, weil sie sich in dieser Welt nicht wohl fühlen und in den üblichen Klischees: »Männer sind Machos, die einen entweder ignorieren oder mit einem ins Bett wollen« versus »Frauen sind mehr auf die Liebe als auf die Arbeit fixiert«.

Dazu Shere Hite: »Viele Menschen projizieren unangemessenerweise noch immer stereotype Muster aus ihren Beziehungen in Privatleben und Familie auf ihre Kollegen am Arbeitsplatz, manchmal mit tragischen Folgen. Diese Projektion ist geschäftlichen Entscheidungen natürlich nicht zuträglich«. Notabene: Der Forscherin zu-

folge machen nicht nur die Männer am Arbeitsplatz Fehler und ver-
harren in Dominanzgesten, auch die Frauen müssen lernen, sich
von ihren Mustern und Vorurteilen zu befreien.

7.
Die Kö-Schlampe oder
Wer ist hier eigentlich die Intelligentere?

*»Frauen heiraten am liebsten
einen großen Mann, weil es sie reizt,
ihn kleinzukriegen.«*

Maurice Chevalier

Stress im Büro: Der Chef hat wieder mal die ganze Planung über den Haufen geworfen, ein Mitarbeiter erneut einen wichtigen Termin platzen lassen und nun müssen erstens alle Betroffenen beruhigt und zweitens alle Absprachen neu verhandelt werden. Dazu klingelt dauernd das Telefon, die Mailbox quillt über vor E-Mails, von denen keiner sagen kann, welche wichtig ist und welche nicht. Dabei müsste man eigentlich nach Hause, denn gleich kommt der Mann von Bosch, um endlich die blöde Geschirrspülmaschine zu reparieren. Obendrein beklagt sich die Mamma, weil man sie vernachlässige und die beste Freundin feiert Geburtstag und braucht unbedingt ein Geschenk. Mamma kriegt Blumen via Fleurop, aber der Freundin schon wieder übers Internet ein Buch schicken zu lassen, geht nicht, denn das hat sie im letzten Jahr schon nicht besonders erfreut. Und wer überhaupt kümmert sich heute Abend um die Kinder, wenn auf das neue Lebensjahr angestoßen wird?

Kurz: Die Mittagspause entfällt, Frau rast mal eben nach Hause, um den Bosch-Techniker reinzulassen, sagt ihm, er solle die Rechnung auf den Küchentisch legen und die Tür einfach in Schloss ziehen, hofft, dass der Mann ehrlich ist und hetzt weiter auf Kö/ Maximilianstrasse/Jungfernstieg – je nachdem, wo ihr Büro steht: in Düsseldorf, München oder Hamburg. (Im weiteren verwende ich »Kö« für die Königsallee in Düsseldorf, weil ich nun mal da arbeite – das ist aber nur ein Synonym für jede beliebige Zusammenrottung teurer Geschäfte irgendwo in diesem Land.) Dort muss ein Geschenk für die Freundin erbeutet werden.

Frau betritt also mit fliegenden Rockschößen, hektischen Flecken im Gesicht und verknautschtem Make-up das erste Geschäft – um sich gleich von einer elegant-gepflegten Verkäuferin schlecht behandelt zu sehen. Einfach vernichtend, dieser Blick auf die zerknitterte Bluse aus der letztjährigen Kollektion. Und man hört förmlich wie sie denkt: »Und dann noch diese Farbe! Völlig out, die Gute«. Sagen tut sie: »Dann schauen wir mal, was wir für Sie haben«, gemeint ist: »In deiner Preisklasse haben wir hier sowieso nix«. Es nützt einem nichts, dass man hier Kundin ist und gefälligst schon deswegen gut behandelt gehört. Und noch viel weniger nützt es, dass man vermutlich ein Vielfaches von dem verdient, was sich die Hüterin des guten Geschmacks in langen Stunden hinterm Tresen ersteht. Man fühlt sich mies als Frau. Ungepflegt, trampelig, überfordert.

Frau erträgt die emotionale Niederlage um der lieben Freundin willen, kauft schließlich ein todschickes, leider ziemlich teures Stück und verlässt fluchtartig den Ort der Handlung. Nur um draußen auf der Kö der nächsten Katastrophe in die Arme zu laufen. Da wimmelt es nämlich nur so von gepflegten Damen, die in der Regel paarweise ganze Tage verbummeln. Was sie am Leibe tragen, ist mehr, als unsereins in einem ganzen Monat verdient, der Schmuck dazu nochmal ein Vielfaches davon wert und in den Tragetaschen (Chanel! Gucci! Todd's!) befinden sich weitere, nicht kalkulierbare Schätze. Und das Beste: Diese Frauen wirken keineswegs gestresst, sind dafür perfekt geschminkt und frisiert – und das Outfit? Natürlich der letzte Schrei. Offenbar sind deren Kinder gut betreut von Schule und Aupairmädchen oder im Reit-/Ballett-/Musikunterricht, um deren Spülmaschine kümmert sich das Personal und von unwilligen Chefs oder unpünktlichen Mitarbeitern hören sie nur aus dem Mund des Gatten oder Vaters. Und wenn das Handy klingelt, ist es eine weitere Freundin, die irgendwo tolle Schnäppchen erspäht hat. Kurz: Frauen, deren Männer sich hauptsächlich deswegen vor Weihnachten fürchten, weil sie eventuell von ihrer Frau Geschenke kriegen, die sie sich nicht leisten können.

So manche Frau wird sich spätestens jetzt fragen: Wer zum Teufel ist hier eigentlich die Intelligentere? Ich mit Hochschuldiplom, Karriere, Haushalt, Kind und Kegel und dem ewigen Stress? Ich, die ich immer alles irgendwie hinkriege, koste es was es wolle. Oder die da, die in aller Seelenruhe das Geld ihres Mannes oder Vaters ausgibt und offenbar keineswegs an Knicken im Selbstwertgefühl leidet? Warum tu ich mir das an? Soll doch künftig der Alte gucken, wie er uns alle ernährt kriegt und ich mach's mir nett! Andere Frauen tun das ja auch und keiner nimmt es ihnen übel. Und wie blöd der Chef gucken würde, wenn er seinen Mist endlich mal selber auf die Reihe kriegen müsste! Und erst die Kollegen! Ha!

Was die gestresste, berufstätige Frau dabei gerne übersieht: Diese einkaufenden Amazonen der Innenstädte sind meistens zu. Zu geschminkt, zu geschmückt, zu gestylt. Die Haare sind zu blond, die Schuhe zu hoch, die Röcke zu kurz, die Blusen zu eng, die Knöpfe zu golden. Sie plappern zu laut und zu fröhlich und sie wirken zu erleichtert, wenn endlich mal auch ihr Mobiltelefon klingelt.

Mal im Ernst: Wer würde nicht gerne mal ein paar Wochen nach Herzenslust Shoppen und sich mit der besten Freundin durch die Cafés und Austernkeller dieser Welt schlürfen? Kids und Haushalt versorgt wissen und den Mann beschäftigt – das Geld muss ja schließlich irgendwo her kommen. Herrlich! Aber immer? Jahrein, jahraus? Keine Aufgabe und keine Probleme bedeuten nämlich auch: Keine Herausforderung. Keinen Triumph, wenn man wieder mal noch so eben einen schwierigen Auftrag gerettet hat. Keine Siegesfeier nach einem erfolgreichen Jahr. Kein Lob vom Chef, keine Anerkennung von den Mitarbeitern, wenn man ihnen mal wieder ein tolles Projekt oder eine Gehaltserhöhung erjagt hat. Keine Gespräche mit dem Ehemann auf gleicher Augenhöhe über den Job, das Geld, die Regierung und die Entwicklung der Kids. Stattdessen den Mann *bitten* müssen um Geld. Und Urlaub ist gar keiner, weil er dem Alltag so ähnelt. Wie langweilig.

In der Tat: Viele dieser Frauen, die ich halb neidisch, halb verächtlich »Kö-Schlampen« nenne, haben einen leeren Blick, wenn sie nicht gerade animiert auf jemanden einreden. Und außerdem sind sie offenbar gar nicht glücklich: Aus der Nähe belauscht, ist ihre Konversation – wenn es nicht gerade um Mode und Kosmetik geht – eine Mischung aus Gejammer und Geläster. Erstens wird übers Älterwerden geklagt – die Fältchen hier und da, die Kilos oben und unten. Kein Wunder, wenn die einzige Beteiligung der Frau am gemeinsamen ehelichen Lebensstandard die Schönheit ist, die sie ihrem schwer arbeitenden Mann zu bieten hat. Natürlich fühlt sie sich bedroht, wenn ihre Reize eines Tages schwinden – und sie schwinden immer, Zeit ist das einzig Gerechte auf dieser Welt. Dann ist Einkaufen keine Lust mehr, sondern der verzweifelte Versuch, sich mit Cremes und Fräckchen Jugend und Attraktivität zu erstehen. Das sieht man irgendwann auch im Gesicht – und schon entsteht der schönste Teufelskreis.

Zweitens wird über abwesende Bekannte gelästert, insbesondere über den Zustand von deren Schönheit (»Ganz schön dick geworden, die Gabi!«) und deren Ehe. Gelästert wird, weil bei denen Sie immer nur tut, was er will, und sie sich deswegen nicht wundern muss, wenn ihr Mann sich langweilt und sich eine Freundin sucht. Oder weil sie nie tut, was er will, und sie sich folglich nicht wundern braucht, dass er sich eine Freundin sucht, wenn sie ihn immer ärgert. Oder über die Unterhaltsvereinbarung von irgendwem. »Unverschämt, wie viel die fordert!« Wahlweise: »Bescheuert, wie die sich abspeisen lässt«.

Drittens über die eigenen Männer: Nie da. Völlig verständnislos. Abends zu müde für die Oper oder Kai's Bistro. Nur den Job/das Auto/das Boot/die Jagd/den Golfplatz im Kopf. Kümmert sich nicht um die Kinder. Versteht sich nicht mit seinem Sohn. Hat den Hochzeitstag vergessen. Hat vielleicht eine Geliebte. Dennoch gilt natürlich der alte Spruch von Zsa Zsa Gabor: »Man sollte niemals einen Mann so hassen, dass man ihm seine Brillantringe zurückgibt«.

Viertens über die Männer anderer Frauen. Entweder die gleiche Leier: Nie da. Immer müde – siehe oben. Oder wenn das nicht zutrifft: Was für ein Verlierer! Neuerdings so viel zu Hause, mäht den Rasen selber. Ob sie ihn rausgeworfen haben? Das mit der Beförderung neulich hat ja schon nicht geklappt .... und so weiter und so fort. Weitere beliebte Themen: Die Kinder und ihre miserablen Lehrer, überhaupt der ewige Ärger mit dem Personal. »Du glaubst nicht, was mein Friseur sich neulich geleistet hat ... Da gehe ich nie wieder hin!« Im Grunde genommen jedoch ist ihnen furchtbar langweilig.

Der Romancier Martin Walser hat einer Kö-Schlampe und ihrer fundamentalen Leere ein ganzes Buch gewidmet.[1] *Der Lebenslauf der Liebe* erzählt die Geschichte der Düsseldorferin Susi Gern, die sich die Untreue ihres Mannes mit einem rosafarbenen Porsche versüßen lässt. Und leidet. Ihr Mann Edmund nennt sie »Schnucke«, was nicht von ungefähr an eine Heidschnucke erinnert, also an ein Schaf. Mit einer seiner Geliebten fährt Edmund nach Rom, wohingegen Susi mit ihm bloß in die Ostzone fahren darf, um einen Geschäftsfreund zu besuchen. Sein Argument: »Du weißt, wie herzlich er dich grüßen lässt« und: »Aber er will mich nur mit dir sehen oder nicht«. Und außerdem habe die Geliebte solche Lust auf Paläste, Kuppeln und Säulen. Susi dagegen hätte »hie und da eine Basilika in Kauf genommen: aber sie war scharf auf Bikinis und auf Schuhe, auf Tücher und auf Handtaschen. Schöne Sachen, das war Rom für sie«. Doch wenn Susi ihrem Edmund Vorhaltungen macht, schreit er »Ja soll ich mir denn meinen Schwanz abschneiden«! Dem Argument kann sie nichts entgegensetzen und so fügt sich Susi, packt ihm gar den Koffer. Nennt sich selber »Blödsuse« und denkt: »Wer etwas einsieht, ist verloren.« Doch sie tut so, also ob ihr seine Ausflüge in andere Betten einleuchteten. »Du setzt es auf die Rechnung«, sagt sie sich. »Nichts wird vergessen, alles vergolten«. Und vergolten wird natürlich in Waren – Wohnung, Kleider, Schmuck, Autos.

Das Buch portraitiert eine Frau, die nichts gelernt und nie in ihrem Leben gearbeitet hat, selbst der Haushalt wird von diversen Zugehfrauen erledigt. Ihr komplettes Dasein liegt in ihrem Mann

113

begründet, emotional und natürlich auch finanziell. Der hat seinerzeit beschlossen, sie zu heiraten, weil sie als junge Frau selbst im Schneesturm vor seinem Büro stehen blieb, um auf ihn zu warten. Und das ist die Grundstimmung dieser Ehe geblieben: Sie wartet in Liebe, er finanziert das wärmende Mäntelchen. Geblieben ist aber auch die Kälte der Winternacht. Längst würde Susi nun lieber seine Aufmerksamkeit haben als sein Geld, ist aber mit 50 nicht mehr in der Lage, Veränderung durchzusetzen – zumal sie anderen Männern, geschweige denn einem etwaigen Arbeitgeber nichts rechtes mehr zu bieten hat. Und so sitzt sie mit ihren Katzen unter ihrem teuren Warhol-Portrait und trinkt.

Natürlich ist das nur ein Roman, werden jetzt viele sagen. Nun, aber gute Romanciers bilden nun mal die Zeitgeschichte ab. Deswegen wünschte ich, sagen zu können, das Buch stamme aus den frühen siebziger Jahren. Geht aber nicht, es ist unlängst entstanden und 2001 erschienen.

Dafür stammt *Der dressierte Mann* von 1971. Esther Vilar beschreibt darin ziemlich prononciert den Mechanismus, der die Entstehung von Kö-Schlampen fördert. »Spätestens mit zwölf Jahren – einem Alter, in dem die meisten Frauen beschlossen haben, die Laufbahn von Prostituierten einzuschlagen, das heißt, später einen Mann für sich arbeiten zu lassen und ihm als Gegenleistung ihre Vagina in bestimmten Intervallen zur Verfügung zu stellen – hört die Frau auf, ihren Geist zu entwickeln. Sie lässt sich zwar weiterhin ausbilden und erwirbt alle möglichen Diplome, doch in Wirklichkeit trennen sich hier die Wege der Geschlechter ein für alle mal. Deshalb ist es einer der wichtigsten Fehler, die dem Mann bei der Beurteilung der Frau immer wieder passieren, dass er sie für seinesgleichen hält, das heißt für einen Menschen, der mehr oder weniger auf der gleichen Gefühls- und Verstandesebene funktioniert. Erfährt er zum Beispiel aus seinen Beobachtungen, dass seine Frau soundsoviel Stunden am Tag mit Kochen, Saubermachen und Geschirrspülen verbringt, so wird er daraus nicht folgern, dass diese Tätigkeiten sie befriedigen, weil sie ihrem geistigen Niveau ideal entsprechen. Er denkt, dass es gerade das sein muss, was sie an allem anderen hindert und bemüht sich, ihr den Geschirrspülautomaten, Staubsauger und Fertiggerichte zur Verfügung zu stellen.« Doch dann ist seine Enttäuschung groß, so Vilar, denn die Frau verwendet die so gewonnene Zeit nicht für Bücher und Kultur, sondern fängt an zu backen, das Bad zu dekorieren oder Rüschen an die Vorhänge zu nähen. Wenn er ihr dann den backfertigen Teig und die aufhängfertige Rüschchengardine erfunden hat, nutzt sie die Zeit endlich für sich selbst: Für ihre äußere Erscheinung. »Der Mann, der die Frau liebt und nichts sehnlicher wünscht, als ihr Glück, macht auch dieses Stadium mit: Er produziert für sie den kussechten Lippenstift, das tränenfeste Augen-Make-up.« Kurz: Sämtliche Bemühungen scheitern, die Frau geistig zu beleben. Sie wird zwar täglich geputzter und gepflegter, aber sie stellt nur immer höhere Ansprüche an die materielle Seite ihres Lebens, nicht an die geistige. Vilars Fazit: »Frauen können wählen, und das ist es, was sie den Männern so unendlich überlegen macht: Jede von ihnen hat die Wahl zwischen der Lebensform eines Mannes und der eines dummen, parasitären Luxusgeschöpfs – und so gut wie jede wählt für sich die zweite Möglichkeit. Der Mann hat diese Wahl nicht.«

Diesen Dressurakt machen Männer mit, so Vilar weiter, weil sie einerseits Sex dafür kriegen – und Frauen tun alles, um seine Lust wachzuhalten, deswegen schminken und schmücken sie sich ja dauernd. Andererseits sehen die Frauen zu, möglichst schnell Kinder in die Welt zu setzen, um sie dann als Geiseln gegen ihren Mann zu benutzen. »Wenn er für Frau und Kind arbeitet, arbeitet er nicht nur für zwei Menschen, von denen der eine nichts tun will, weil er weiblich ist, und der andere nichts tun kann, weil er noch zu klein ist. Er arbeitet für etwas, das mehr ist, als diese Frau und dieses Kind: für ein System, das alles umschließt, was arm, hilflos und schutzbedürftig ist auf dieser Welt und das – wie er glaubt – seiner bedarf«.[2]

Der Text stammt aus den frühen siebziger Jahren, wie gesagt, und ist ziemlich aggressiv formuliert. Doch auch dieses Buch hat seine

Aktualität nicht eingebüßt, denn im Vorwort zu einer Neuausgabe wiederholt die Autorin ein paar schmerzhafte Beschreibungen der Wirklichkeit, an denen nach wie vor kaum zu rütteln ist: »Männer werden später pensioniert als Frauen (obwohl sie auf Grund ihrer kürzeren Lebensdauer ein Recht auf frühere Pensionierung hätten). Männer haben praktisch keinen Einfluss auf ihre eigene Fortpflanzung (es gibt für sie weder Pille noch Schwangerschaftsabbruch, sie müssen – oder können nur – die Kinder bekommen, die Frauen bekommen wollen). Männer ernähren Frauen. Frauen ernähren nie – oder nur vorübergehend – Männer. Männer arbeiten ein Leben lang, Frauen vorübergehend oder gar nicht. Männer bekommen ihre Kinder ›geliehen‹, Frauen dürfen sie behalten (da Männer ein Leben lang arbeiten und Frauen nicht, beraubt man sie – mit der Begründung, dass sie arbeiten müssen – bei einer Trennung von der Mutter automatisch der Kinder).« Sie schreibt: Wie man sehe, habe sich die weibliche Machtposition seit 1971 »höchstens noch verfestigt. Männer trauen sich ja noch nicht einmal zu verlangen, dass man sie im gleichen Alter wie ihre Ehefrauen verbilligt mit der Eisenbahn fahren lässt. Ein Gentleman weiß, was sich gehört«.

Also was stimmt den nun? Sind solche Kö-Schlampen die bedauernswerten Opfer ihrer egoistischen Ehemänner, die ihnen statt Liebe und Zuwendung nur Geld geben, wie Walser seine Susi Gern empfinden lässt? Oder sind die Nur-Hausfrauen der oberen Mittelschicht gierige Ausbeuterinnen, die es sich zu Hause nett machen und den Mann zur Fronarbeit in die Wirtschaft schicken, mit dem Ergebnis, dass er kaputtgearbeitet deutlich früher stirbt als die Gattin, wie Vilar nahe legt?

Nun, Fakt ist, viele Frauen der gehobenen – und heutzutage sind das die akademisch gebildeten – Stände lassen arbeiten. Eine Umfrage unter 547 berufstätigen Leserinnen bekannter deutscher Frauenmagazine ergab beispielsweise, dass viele Frauen überhaupt keine Lust auf Karriere haben. Die Frauen, denen Macht nicht wichtig ist, gaben mehrere Gründe dafür an: Jeder zweiten bedeutet das Privatleben mehr, jede dritte sagt, sie sei kein Karrieremensch, jede fünfte fürchtet den damit verbundenen Stress und sieben Prozent wollen die damit verbundene Verantwortung nicht tragen.[3] Frauen sind also nach wie vor nicht besonders scharf darauf, sich selber zu ernähren, sondern überlassen die ökonomische Verantwortung für die Familie ganz gern weitgehend dem Mann. Das kleine Einkommen aus Teilzeit wird eher als Taschengeld empfunden und dient mehr der Selbstbestätigung als echter Erwerbsarbeit.

Fakt ist auch, dass viele Männer diese Haltung ihrer Frauen als problematisch erleben. Sie haben meist mal irgendwann eine eigenständige, gebildete Frau mit eigener Meinung und eigenem Geld geheiratet. Das hatte Gründe. Aber zehn oder zwölf Jahre später müssen sie feststellen, dass es mit der Selbstständigkeit der Liebsten nicht mehr weit her ist. Nicht nur sind sie plötzlich alleine verantwortlich für den Lebensstandard ihrer Familie, sondern ihre Frau hat auch sonst irgendwie den Anschluss an all die Themen verloren, die ihn beschäftigen. Sein Heldennotausgang ist ein Klassiker: Entweder verbringt er jede freie Minute mit seinem Job oder er sucht gleich dort eine Neue unter den hoffnungsfrohen Nachwuchsmanagerinnen.

Fakt ist überdies, dass viele Frauen ein paar Jahre nach der Geburt ihrer Kinder relativ unzufrieden sind mit ihrer Weibchenrolle und ihrem Mann übel nehmen, dass er so viel Selbstbestätigung aus dem Job zieht und so selten daheim ist, während sie bestenfalls auf dem Spielplatz die Verdauung der lieben Kleinen diskutieren. Leider ziehen viele daraus nicht die Lehre, dass sie mit einem Beruf glücklicher wären und fangen wieder an, sich ernsthaft einer Karriere zu widmen. Wenn die Kinder in den Kindergarten kommen, arbeiten vier von zehn Müttern bestenfalls Teilzeit – und bleiben damit in der Regel weit unter ihren Möglichkeiten.[4] Anstatt ihren Liebsten stärker für die Familie einzuspannen, damit sie selber ernsthaft ein aushäusiges Leben in Angriff nehmen können, lassen sie ihn den daraus resultierenden Frust spüren, ohne genau zu begründen, wo der Hase im Pfeffer liegt. Ihre Haltung lässt sich am besten beschreiben mit: »Du hast mich enttäuscht. Aber wann und womit musst du schon selber herausfinden«.

Der Ausweg liegt – leider – oft in einer Scheidung. Wenn die Frau Glück hat, ist sie danach gezwungen, zu arbeiten. Sie wird das in der Regel spontan nicht als Glück empfinden, aber es ist ihre einzige Chance, endlich das Leben einer Erwachsenen zu führen und Verantwortung für das eigene Leben und das eigene Einkommen zu übernehmen. Und die Bestätigung und den Stolz zu erleben, den es bedeutet, einen Job auszufüllen, Projekte zu ergattern und Geld zu *verdienen*, statt es einfach zu bekommen. In einer neuen Beziehung wird sie dann vielleicht Gleiche unter Gleichen bleiben wollen, an ihrer Berufstätigkeit festhalten und sich mit dem neuen Partner inneres (Kinder und Haushalt) und äußeres (Beruf, Einkommen) Leben teilen. Das geht nämlich, wie einige Beispiele im folgenden Kapitel zeigen. Oder sie macht denselben Fehler zweimal und wird wieder zu einem kleinen Mädchen, das eine Vaterfigur um Geld bitten muss. Kurz: Sie re-inszeniert das Walsersche Drama. Ist daran dann ihr Partner schuld?

8.
Die Mutterkreuzphilosophie oder
Ein Kind braucht seine Mutter!

*»Geschlecht ist nichts, was wir sind
oder haben, sondern was wir tun«*

Judith Butler

Nie war mehr Mutterliebe als heute. Da schlafen Dreieinhalbjährige noch immer im elterlichen Bett. Mütter gehen abends über Jahre nie mehr aus, weil das Kind sich weigert, ohne sie einzuschlafen. Beim kleinsten Geräusch stürzen Muttertiere noch an das Lager von Vorschulkindern. Oder die Eltern gehen gleich mit den Kindern – und Hühnern – um halb neun ins Bett, weil ihnen die Kraft fehlt, den allabendlichen Kampf um die Schlafenszeit zu führen. Dreikäsehochs erlauben ihren Eltern nur gelegentlich, ein Gespräch oder Telefonat zu führen, denn wenn der kleine Mensch nicht will, haben auch die Großen nichts zu wollen. Und falls Pappa den Nachwuchs anziehen will, der aber findet, das solle unbedingt die Mamma tun, folgt eine filmreife Szene. Die regelmäßig damit endet, dass Mamma zum Pullover greift, weil sie das vermutlich für Ausdruck der kindlichen Liebe zu ihrer Person hält. Und fast generell gilt: Die Mäuschen sind besser und liebevoller gewandet als die Mamma. O-Ton: »Ich rieche ja eh dauernd nach Kotze, Fritzi hat seine Drei-Monats-Koliken«. Vollends Wahnsinnige versuchen, bereits dem Fötus mit Hilfe einer Halogenlampe das Zählen beizubringen.[1]

Nie hatten Frauen mehr Zeit für ihre Kinder. In den bäuerlichen Gesellschaften der Vergangenheit mussten die Frauen auf dem Feld schwer schuften, die Kinder wurden als Säuglinge unter den nächsten Baum gelegt, danach durften sie ein paar Jahre tollen, um dann recht früh zur Mitarbeit angehalten zu werden. In den Städten war es eher schlimmer, bis weit in das 19. Jahrhundert hinein überließen viele Eltern ihren Nachwuchs regelmäßig einem ungewissen Schicksal. In europäischen Waisenhäusern starben 80 Prozent der Babys im ersten Jahr. Wer seinen Säugling nicht aussetzte, überließ ihn für gewöhnlich einer professionellen, oft ziemlich gleichgültigen Amme: Zeitweilig wurde in Paris nur jedes zwanzigste Kind am Busen der eigenen Mutter genährt. Kein Wunder, mussten doch damals viele Frauen eine kräftezehrende Schwangerschaft nach der anderen über sich ergehen lassen. In den wohlhabenderen Ständen wurden die Kinder ebenfalls Ammen in den Arm gedrückt und später vom Personal erzogen. Die Kleinen aßen in der Küche mit ihrer Nanny und durften vielleicht zum Gute-Nacht-Sagen kurz in den Salon. Sobald sie dafür alt genug waren, kamen sie in ein Internat. Kinder durfte man bestenfalls sehen, keinesfalls hören.

Kurz: Der Mythos von der aufopferungsvollen Mutterliebe ist eine ziemlich junge, ziemlich bürgerliche Idee. Der Elterninstinkt jedoch nicht, den teilen Menschen mit allen Säugetieren, wie die kalifornische Anthropologin Sarah Blaffer Hrdy ein Forscherleben lang analysierte. Sie hat sich mit dem Elternverhalten von Affen und Menschen beschäftigt und kam zu dem Schluss: Der Instinkt befiehlt die Fortpflanzung, aber nicht die Liebe zum Kind. Der Instinkt will Gene weitergeben, weiter nichts. »Die Emotionen einer Frau unterscheiden sich nicht so sehr von denen anderer Tiere: Werden die Kosten, für den Nachwuchs zu sorgen, den Umständen entsprechend zu hoch, gibt sie auf«. Soll heißen: Ein hungriges Neugeborenes durch eine Dürre zu schleppen, bedroht das Leben der Mutter. Wird sie den kleinen Schreihals rechtzeitig los, sichert sie ihren eigenen Fortbestand und so auch den ihrer Gene – sie kann später in besseren Zeiten weitere Kinder kriegen. Das berücksichtigt auch Mutter Natur. »Gleich nach der Geburt hat die Natur ein Fenster vorgesehen, durch das eine Mutter sich relativ schmerzfrei von ihrem Kind zu trennen vermag«, so Forscherin Hrdy. Allerdings ist das in westlichen Gesellschaften zum Glück nicht erwünscht. Anderswo nimmt man es nicht so genau. Studien aus den siebziger Jahren berichten von dem Papua-Volk der Eipo, das rund 40 Prozent aller Neugeborenen tötet. Wie unsere haarigen Verwandten: Viele Säugetiere töten ihre eigenen Jungen, um die Größe des Wurfs den Nahrungsressourcen anzupassen. »Die anfängliche Hingabe an die Kinder entfaltet sich Schritt für Schritt und muss durch äußere Anreize immer wieder verstärkt werden«, so Hrdy. Biologie alleine besagt also gar nichts, schon gar keine Mutterliebe.[2]

Genetisch festgelegt steuern vor allem Hormone die Elternschaft. Für die erste Dosis sorgt das Embryo selber. Es schüttet Choriongonadotropin aus, damit die Monatsblutung und damit die Abstoßung des Keimlings unterbleibt. Während der Geburt beginnt die Hirnanhangsdrüse der Mutter Prolaktin freizusetzen. »Wer immer sich um die Jungen kümmert, hat viel Prolaktin im Blut«, sagt Hrdy. Auch die Väter, wenn sie sich denn um ihre Kinder kümmern. Alles weitere übernimmt bei allen Säugetieren das Oxytocin. Es gilt als »emotionaler Universalkleber« wie der Biologe Andreas Weber in einem *Geo Special* über die Geschlechter schreibt, laut Hrdy ist es das hormonelle »Äquivalent von Kerzenlicht, gedämpfter Musik und einem Glas Wein«. Es löst ein Glücksgefühl aus, das süchtig nach Nähe macht. Sind die entsprechenden hormonellen Schleusen erst einmal auf, wird niemand mehr freiwillig sein Kind hergeben. Das stellten Pariser Ärzte schon im 19. Jahrhundert fest: Mütter, die die ersten acht Tage mit ihrem Kind verbrachten, setzten ihren Säugling nur noch halb so oft aus, wie Frauen, die ihre Entscheidung direkt nach der Geburt treffen mussten. Oxytocin ist mächtig, Nähe lässt nach noch mehr Nähe verlangen. Wer erst einmal angefangen hat, sich intensiv um einen Säugling zu kümmern, wird immer sensibler für seine Bedürfnisse. »Wenn eine Frau mehr Freiheit haben möchte, sollte sie sich angewöhnen, mit Ohropax zu schlafen, damit ihr Mann das Kind zuerst hört und stärker darauf geprägt wird«, empfiehlt Hrdy – übrigens Mutter dreier Kinder.

Dabei gäbe es durchaus einen Ausweg aus dieser Situation, die oft für Mütter *und* Kinder in übertriebener Sorge, Abhängigkeit und verlorener Freiheit mündet. »Der Homo sapiens betreibt kollektive Brutpflege« meint Hrdy. Kinder brauchen nicht unbedingt ihre

eigene Mutter, sie brauchen Bezugspersonen. Es sei geradezu art-
spezifisch, dass Menschen die Rollenverteilung bei der Aufzucht der
Brut niemals festgelegt hätten. Schließlich konnte sich eine Mutter
schon im Pleistozän ihres Partners nicht sicher sein. Was seinerzeit
der Säbelzahntiger anrichtete, übernimmt heute der Scheidungs-
richter. Vielleicht überleben auch deswegen bei so vielen Säugetieren die Weibchen ihre Menopause – sie helfen dem eigenen Nachwuchs, die Enkel großzuziehen. Das ist nicht nur bei Menschen so,
sondern beispielsweise auch bei Elefanten.[3]

Das lehrt uns dreierlei: Erstens Elternliebe wächst – gesteuert von
Hormonen. Die setzen auch männliche Drüsen frei, wenn Männer
sich mit Kindern beschäftigen. Zweitens, ein Kind braucht Bezugspersonen. Das muss aber nicht notwendigerweise und schon gar
nicht ausschließlich die biologische Mutter sein. Drittens: Die Vorstellung, dass es Aufgabe und Ziel einer Frau sei, sich hauptberuf-
lich mit ihren Kindern zu beschäftigen, ist eine gesellschaftliche
Überzeugung, keine evolutionär begründbare.

Leider hat sich die Überzeugung bei vielen deutschen Frauen fest-
gesetzt, dass sie die einzigen sind, die ihre Kinder davor bewahren
können, schreckliche Erwachsene zu werden. Bitte keine Missver-
ständnisse: Zum Glück sind die Kinder-darf-man-sehen-aber-nicht-
hören-Zeiten vorbei. Heute werden die Bedürfnisse des Nachwuchses zu Recht sehr ernst genommen. Schließlich sind Kinder ja auch
perfekt dafür konstruiert, ständig absolute Aufmerksamkeit auf sich
zu ziehen. Erst durch jeden Widerstand brechende Niedlichkeit
und einen Geruch, der Herzen zum Schmelzen bringt und schließlich durch perfekt inszenierte Tobsuchtsanfälle und Erpressungen –
wie sie übrigens auch bei jungen Primaten beobachtet werden können.

Das und die Tatsache, dass Frauen immer später gebären – Frau-
en in Westdeutschland sind rund 28 Jahre alt beim ersten Kind, in
Ostdeutschland ein Jahr jünger – und dann schier platzen vor Stolz,
hat mittlerweile im gehobenen Bürgertum dazu geführt, die kindlichen Bedürfnisse absolut zu setzen. Besonders die immer zahl-

reicher werdenden akademisch vorgebildeten Spätgebärenden verschwinden für drei bis fünf Jahre in einer Art Baby-Trance, die alle in der Umgebung ungeheuer anstrengt, die gerade nicht Mütter kleiner Kinder sind. Erstens lassen sie ihr Kind niemals aus den Augen – ich meine das wörtlich – und es ist schwer, mit jemandem Konversation zu machen, der einen nicht ansieht, sondern immer einem kleinen Wackelzwerg nachblickt. Und zweitens reden sie über nichts anderes als Babys erstaunliche Fortschritte und Begabungen. Vermutlich sind sie in dieser Zeit tatsächlich am besten unter ihresgleichen in der Krabbelgruppe aufgehoben .

»Frauen landen in einer emotionalen Falle«, beschreibt die selbständige PR-Fachfrau und Mutter einer Tochter, Regina Eisele. »Ein Kind ist wie eine neue Liebesbeziehung, da will man ja auch nicht schon nach einem halben Jahr in eine Wochenendehe einsteigen. Was die Frauen dabei nur übersehen: Erziehen ist kein Beruf«.

Damit meint sie natürlich nicht Kindergärtnerinnen oder Lehrerinnen, das sind natürlich Berufe, für die es ja auch Geld und Sozialleistungen gibt. Sie meint das Nur-Hausfrauentum, auf das sich so viele Frauen einlassen.

Soll heißen: Die Mütter wollen gerne bei ihren Babys bleiben, geben sie nicht aus der Hand und lassen auch die Väter nicht genug ran, damit sie eine so enge Beziehung zum Kind entwickeln könnten (Oxytocin!), dass sie sich tatsächlich und dauerhaft auch emotional verpflichtet fühlen. Das wiederum wäre die Voraussetzung dafür, die Elternrolle tatsächlich zu teilen.

Aber eine echte Partnerschaft ist ja bei den Frauen auch gar nicht erwünscht, siehe Kapitel 6. Rund 65 Prozent wollen in Ost und West lediglich ein bisschen zum Nebenverdienst arbeiten.[4] Und genau so organisieren sich die Damen dann auch ihre Realität: Laut Statistischem Bundesamt jedoch arbeiten Vollzeit nur zehn Prozent der Mütter von Kindergartenkindern und 16 Prozent der Mütter von Grundschulkindern – im Westen der Republik. Im Osten sind es immer noch 36 und 40 Prozent. Umgekehrt heißt das: Selbst im

Osten, wo Frauen traditionell berufstätig waren, sind 60 Prozent der Mütter zu Hause, bis die Kinder mindestens zehn Jahre alt sind. Bei mehreren bedeutet das leicht bis zu 15 Jahre ohne Job oder bestenfalls in Teilzeit. Danach hat sich das Thema Karriere und vernünftige Altersvorsorge erledigt.

Offenbar entspricht dieses Lebensmodell dem Wunsch vieler Frauen. Das Gemecker, Mann lasse sie nicht arbeiten, klingt vor diesen Hintergrund ziemlich hohl. Erwerbsarbeit wird schließlich immer komplizierter. Einfache Tätigkeiten in Industrie und Handel sind fast alle automatisiert, wer heute Geld verdienen will, muss mit dem Hirn ran und die Konkurrenz ist hart. Viele Frauen ahnen, dass es ihnen in ihrem Vorstadt-Biotop tausendmal besser geht, als ihren ringkämpfenden Männern in der City. Gelegentlich hat auch mal eine die Größe und gibt es zu, wie Ann-Ripley Rapp aus Offenbach in einem Leserbrief an den *Spiegel*: »Da man in diesem unserem Land fast alles zugeben darf, nur nicht, dass einem der Arbeitsplatz mit dem darin herrschenden Ton maßlos zum Halse heraushängt, zieht ›frau‹ sich lieber auf ihr ureigenstes Privileg des Kinderkriegens zurück«.[5] Schließlich ist es ja auch sehr schön, mit den Zwergen zu malen, zu spielen, Schwimmen zu gehen. Dieses selbstgewählte Leben darf auch keiner kritisieren – nur sollten sich die Frauen, die es leben, hinterher nicht beschweren, dass Frauen in diesem Land generell nichts zu sagen haben und sie persönlich kein eigenes Terrain mehr haben und von der ganzen Familie als Managerin eines Hotels betrachtet werden – und auch so behandelt.

Und bitte auch kein Gejammer über die finanziellen Folgen, die der Mütterlichkeitswahn nach sich zieht. Die Zeitschrift *Working Women* weist darauf hin, welche Folgen weibliche Erwerbslosigkeit in Verbindung mit weiblicher Langlebigkeit haben kann: »Etwa 80 Prozent der Witwen, die jetzt in Armut leben, waren vor dem Tod ihres Mannes nicht arm«. Die Fakten sind eindeutig: Jede zweite Frau wird ihren Mann zu Grabe tragen, ihr Durchschnittsalter ist dann 56. Jede dritte Frau wird geschieden, Tendenz steigend. Ihr

Durchschnittsalter bei der Scheidung: 46 Jahre.[6] Wer keine eigene Altersversorgung aufbaut, sondern sich auf Ehemann und Minister Riester verlässt, bekommt im Alter unausweichlich Probleme (siehe dazu auch Kapitel 4: »Frauen leben länger – aber wovon?«).

Und schon gar nicht dürfen sich die Verfechterinnen des privaten Matriarchats wundern, dass die äußere Welt nach wie vor als Patriarchat funktioniert. Frauen in Wirtschaft, Wissenschaft und Politik – Fehlanzeige! Und daran sind die Männer schuld? Dass ich nicht lache.

Solange ihnen ihre Nur-Mutti nicht zu langweilig wird, ist es den Männern allerdings ganz recht, wenn sie mit Kindergeschrei und -exkrementen möglichst wenig zu tun haben. 80 Prozent der jungen Väter fühlen sich durch die Existenz ihres Kindes »in keiner Weise beruflich oder sonst wie eingeschränkt«, wie Forscher des Deutschen Jugendinstituts in München in repräsentativen Studien herausfanden.[7] Kein Wunder, wird ihnen doch die Wäsche gewaschen und dem Baby der Hintern gepudert.

Im Jahr werden in einem Haushalt mit zwei Erwachsenen und zwei Kindern 5078 Teller gespült, 1825 Töpfe geschrubbt und 30000 Quadratmeter Fußboden gewischt oder gesaugt. Und zu 75 Prozent bleibt diese Arbeit an den Frauen hängen, meldet die Frauenzeitschrift *Brigitte*. Das findet aber nicht losgelöst von den Wünschen der Frauen statt, denn die Gesellschaft für Rationelle Psychologie befragte 2671 Frauen, wer denn für was im Haushalt zuständig sein sollte. Ergebnis: 93 Prozent der Frauen finden, der Mann sollte das Auto waschen, keine fand, das sei Frauenarbeit. 73 Prozent der Frauen meinen, Behördengänge seien Männerarbeit, das Formular auf dem Amt in weibliche Hände geben wollen nur zwei Prozent der Befragten. 47 Prozent der Frauen möchten, dass die Männer die Reparaturen rund ums Haus übernehmen, nur neun Prozent fänden es gerecht, wenn auch Frauen den Hammer schwingen.

Der Kerl ist also für's Grobe zuständig, das Weib für die Details, frei nach dem Komiker Helge Schneider, der da sagt: »Frauen haben ja viel kleinere Hände. Da kommen die ja beim Putzen viel besser mit in die Ecke mit rein«. Nur zwei Prozent der Frauen will sich die Kleidung vom Mann bügeln lassen, Wäschewaschen halten nur vier Prozent der Frauen für einen Männerjob, die Wohnung gemütlich einzurichten, trauen auch nur vier Prozent der Frauen ihren Männern zu. Kein Wunder, dass das Statistische Bundesamt zu dem Ergebnis kommt, dass berufstätige Frauen täglich vier Stunden mit Hausarbeit zubringen, Männer aber nur anderthalb. Bei berufstätigen Eltern sieht es genauso aus: Mütter verbringen täglich fünf Stunden mit Putzen und Kinderbetreuung, Väter nur zwei.[8]

Alle Untersuchungen sprechen davon, dass die Mithilfe der Männer im Haushalt mit den Jahren zunimmt. Aber Mithilfe ist nicht dasselbe wie Verantwortung. Witzigerweise können Männer die sehr wohl tragen, bevor sie verheiratet sind: Von den unverheirateten Männern fühlen sich 58 Prozent auch fürs Kochen zuständig, von den verheirateten nur noch 29 Prozent. Jeder fünfte männliche Single wäscht seine Wäsche selber, bei den Ehemännern nur noch jeder zehnte. Ähnlich sieht's beim Bügeln aus. Bis auf drei Prozent lassen Männer das heiße Eisen fallen, sobald sie ihren Trauschein unterzeichnet haben – auch wenn sie vorher sehr wohl in der Lage waren, ein bürofähiges Hemd zu plätten. Die anderen 80 Prozent der Singles bringen ihre dreckigen Socken und T-Shirts zur Mama oder anderer weiblicher Verwandtschaft – und wenn die streikt, in die Wäscherei. (Kommt mir irgendwie bekannt vor: Mein heutiger Mann beispielsweise bezahlte seine kleine Schwester fürs Bügeln, bevor er mich traf. Heute habe ich uns eine Haushaltshilfe organisiert.)

Es liegt also nicht daran, dass Männer sich im Haushalt dumm anstellen. Frauen wollen die Verantwortung für die Haushaltsführung haben und da Männer nicht dämlich sind, geben sie sie ihnen. In der Folge sitzt er vor der Glotze und sie vor der Waschmaschine. Besser wäre es, sich endlich mal nach Zsa Zsa Gabor zu richten, die sagt: »Ich bin eine hervorragende Haushälterin. Jedes Mal, wenn ich einen Mann verlasse, behalte ich das Haus.«

Sogar die wirklich emanzipierte Florence Guesnet, Marktforscherin bei Procter & Gamble, sagt, im Haushalt engagiere sie sich mehr als ihre männlichen Kollegen, weil sie und ihr Mann abwechselnd kochen. Damit steht sie immer noch jeden zweiten Tag in der Küche, während ihre Kollegen das getrost ausschließlich der Gattin überlassen. Und sie meint: »Manchmal bin ich nach einem Wochenende froh, wenn Montag ist, weil kleine Kinder einen dauernd in Anspruch nehmen, im Büro kann man dagegen auch mal sagen: Jetzt bitte nicht«.[9]

Unter anderem deswegen gibt es natürlich viele Frauen, die versuchen, Mutter zu sein UND ein eigenes Leben zu leben. Aber das wird ihnen nicht gerade leicht gemacht. Vor allem nicht von diesem Staat (– aber das braucht ein eigenes Kapitel, siehe »Der Schwachsinn mit der Quote oder Frauen und Politik«). Und außerdem zerfleischen Karrieremütter sich selber in dem Wahn, in allen Bereichen perfekt sein zu müssen. Das heißt, dauerhaft 300 Prozent Leistung abzuliefern. Das killt auf die Dauer auch das stärkste Ross von Frau. »Frauen stellen heute enorme Ansprüche an sich selbst. Sie wollen die perfekte Mutter sein, eine ideale Partnerin, eine tolle Karrierefrau und bürden sich so ein Pensum auf, das kaum noch zu schaffen ist«, sagt Christine Hesse, Gründerin und Geschäftsführerin der Hesse Designstudios in Düsseldorf und außerdem Mutter eines Kindes.

Zweitens gibt es eine gewaltige Schere im kollektiven Kopf, die ganz selbstverständlich davon ausgeht, dass Kindererziehung zuerst und nahezu ausschließlich das Problem der Mütter sei. Dennoch hat jedes Kind auch einen Vater – und die erleben in der Regel keinerlei beruflichen Konflikt, bloß weil sie Väter werden. Im Gegenteil: Es gibt Väter – in großen Unternehmensberatungen wie McKinsey oder bedeutenden Anwaltskanzleien wie Hengeler Müller –, die vor wichtigen Terminen im Hotel übernachten, damit das Geschrei der lieben Kleinen sie nicht bei der Vorbereitung auf Termine mit wichtigen Klienten stört. »Und die Männer bleiben außen vor«, erlebt auch Unternehmerin Hesse. »Ich zum Beispiel werde dauernd gefragt, wie ich das hinkriege mit Job und Familie, aber es hat noch nie einer gefragt, wie mein Mann das wohl macht«.[10] Ins selbe Horn stößt Angelika Roth, Präsidentin des Verbandes berufstätiger Frauen: »Männer, die Erziehungsurlaub nehmen, gelten als Schlappschwänze und eine Frau die Kinder hat und arbeitet, darf als Rabenmutter bezeichnet werden«.[11]

Dass das auch so bleibt, besorgen übrigens die Nur-Hausfrauen, die wie Schießhunde darüber wachen, dass dem Mythos »Ein Kind braucht seine Mutter« nur ja keine zu Leibe rückt. Der schlimmste Feind der beruflich ambitionierten Mutter ist die Hausfrau. »Die Frau, die zu Hause bleibt, tut ein übriges, die Berufstätige als Mutter zu diffamieren. Nur-Hausfrau und berufstätige Hausfrau sind erbitterte Feinde: Die Berufstätige beweist der Nur-Hausfrau, wie wenig im Haus zu tun ist, während letztere gerade dadurch, dass sie sich so beschäftigt gibt, der Berufstätigen die Vernachlässigung wichtiger Pflichten suggeriert. So treiben sie sich gegenseitig in die Enge«, schreibt Esther Vilar in *Das Ende der Dressur*.[12]

Das ist keine Theorie, sondern schmerzhafte Praxis. »Es waren wirklich die Frauen, die einem das Leben schwer gemacht haben«, erzählt Heide Kruske, Gruppenleiterin beim Konsumgüterkonzern Procter & Gamble. Schlimmer noch als Chefs und Kollegen seien andere Mütter, die die Managerin mit Kind nicht selten als Rabenmutter titulierten.[13] Marie Theres Kroetz Relin, eine ehemalige Schauspielerin, Mutter dreier Kinder und Gattin des Dramaturgen Franz Xaver Kroetz, findet zum Beispiel: Die typische Karrierefrau habe »ein Kindermädchen, eine Putzfrau, sie geht arbeiten und kümmert sich nicht darum, was zu Hause ist«. Und sie habe ein schlechtes Gewissen »weil sie sich in ihrem Innersten schämt«. Sie meint damit vermutlich Leute wie Karin Gauß, die es als Mutter von Zweien wagt, bei Hewlett-Packard Abteilungsleiterin zu sein. Sie wurde beschimpft, vorne weg von den eigenen Eltern und Geschwistern: Fremd betreute Kinder würden kriminell. Als sie ihre Tochter vorzeitig einschulen ließ, hörte sie die gleiche Leier von den anderen Kindergartenmüttern: »Du nimmst der Kleinen die Kindheit«. »Absoluter Blödsinn«, sagt sie selber, »aber manchmal hat das schon verflucht weh getan«.[14]

Auch meine Kolleginnen bei der *Wirtschaftswoche*, die den Mut haben, Journalistinnen zu bleiben, auch wenn sie Mütter werden, beschreiben übereinstimmend Anfeindungen durch die Nur-Mütter in den eigenen Familien, im Freundes- und Nachbarnkreis und in der Krabbelgruppe. Nicht nur, dass sie den Löwenanteil ihres Gehalts an ihre Kindermädchen weiterreichen müssen, sie schlagen sich auch noch mit den Vorwürfen irgendwelcher Tugendbolzen herum, die glauben, dass die Kinder berufstätiger Frauen im Leben von einer Schwierigkeit in die nächste taumeln werden. Diese selbsternannten Hüter der Kinder anderer Leute finden sich übrigens auch unter den männlichen *Wirtschaftswoche*-Kollegen, die natürlich alle eine Nur-Mutter zu Hause sitzen haben. Sie erklären die schreibenden Mütter zum »Kampfgeschwader«. Warum diese Aggression? Entweder erläutern ihnen ihre Gattinnen, dass sie keinesfalls arbeiten können, ohne die Zukunft ihrer Kinder zu gefährden – oder die Männer verarbeiten auf diese Weise ihr eigenes schlechtes Gewissen, weil sie selber ständig unterwegs sind.

Wenn es nach diesen Hütern der Moral geht, darf sich eine Mutter nicht mal richtig amüsieren. Als die Schauspielerin Veronika Ferres im *Stern* zum Besten gab, dass sie nach der Geburt ihres Kindes nicht nur weiter Filme dreht und Theater spielt, sondern auch noch golft, reitet, Ski fährt und ihren Partner begleitet, empörte sich eine Leserin in einem Brief an das Magazin: »Bei dem finanziellen Hintergrund und dem Personalzugriff einer Veronika Ferres mag das gut gehen (gut für wen?), bei einem entsprechenden Lebenswandel der Otto Normalverbraucherin würde etwas auf der Strecke bleiben. Hoffentlich das Golfspiel. Und nicht etwa das Kind«.[15]

Die Propaganda wirkt. Viele Karrierefrauen quälen sich mit dem Gedanken, dass ihre Kritiker recht haben könnten. Was, wenn sie tatsächlich egoistische Biester sind und ihre Kinder emotional und auch sonst verwahrlosen lassen? Sabine Kalisch, Vorstand bei der

Biotech-Firma Plasmaselect ist beruflich vier Tage die Woche unterwegs, die Kinder sind dann bei ihrem Mann, einem Notar. »Trotzdem plagt mich manchmal das schlechte Gewissen. Dann frage ich mich, ob es richtig ist, dass der Vater mehr zu Hause ist, als die Mutter. Eins steht für mich fest: Sollte unsere jetzige Arbeitsteilung nicht mehr sinnvoll sein, vielleicht weil mich die Mädchen mehr brauchen, würde ich mich im Zweifel für die Kinder entscheiden«.[16] Diane Tönsing betreibt in Hamburg ein Geschäft für Kinderkleidung und -geschenke, in dem sie auch anbietet, Geburtstagspartys für Kids zu organisieren. Viele ihrer Kundinnen haben also einen Job. Die Unternehmerin hat beobachtet, dass »die Geburtstagsorganisation manchmal zu übertrieben ist, vielleicht, weil die Eltern glauben, ihr Kind komme im Alltag zu kurz«. Aber auch damit quälen sich weitgehend die Frauen alleine: Väter betreten ihr Geschäft, so Tönsing, fast nur, um etwas abzuholen. »Ich glaube, sie wollen sich nicht mehr engagieren, sonst würden sie das nämlich tun. Sie können sich doch auch sonst durchsetzen«.

In Einzelfällen geht die K.u.K.-Monarchie aus Kind und Karriere allerdings auch ohne Selbstzerfleischung, wie Alexandra Czerner beweist. Sie gründete vor zehn Jahren ihr eigenes Architekturbüro: »Auf die minimale Chance, vielleicht in zehn Jahren in die Entscheidungsebene zu kommen, wollte ich nicht warten«. Nach der Geburt ihres Sohnes vor acht Jahren nahm sie eine kurze Babypause, um dann weiterzuarbeiten, das Kind neben dem Schreibtisch. Heute noch gilt: Wenn der Junge abends eingeschlafen ist, gegen acht oder neun, schiebt sie noch eine Schicht am Zeichenbrett ein. Mit Kritik an ihrer Lebensweise hat sie nicht viel am Hut: »Manche sagen, ich sei hart geworden. Ich sage, ich bin klar geworden«.[17]

Auch Angelika Jahr hat nicht nur eine Doppelrolle als Verlagsgeschäftsführerin bei Gruner & Jahr und als Chefredakteurin mehrerer Publikationen wie beispielsweise *Schöner Wohnen*, sondern sie hat auch Nachwuchs. Sie sagt: »Eine Mutter muss nicht ständig um ihre Kinder herumsein. Dass wir uns so sehr mögen, hat auch etwas damit zu tun, dass wir uns nicht so oft gesehen haben. Die Organisation war nicht immer ganz einfach. Es war mir wichtig, dass meine Kinder nie darunter leiden würden. Darum habe ich hart gearbeitet, um in der Position als Chefredakteurin meine Arbeitszeit selber bestimmen zu können. Ich hatte ja keinen Chef mehr. Außerdem wollte ich gut verdienen, damit ich mir ein Kindermädchen leisten konnte. Selbstverständlich muss man das gut organisieren«.[18]

Das Geheimnis heißt in der Tat Effizienz, das meint auch Guesnet, die schon erwähnte Marktforscherin bei Procter & Gamble: »Der große Unterschied zu meinen männlichen Kollegen, die Kinder haben, ist, dass ich um 18 Uhr nach Hause gehe«. Die 9,5 Stunden Anwesenheit im Büro arbeite sie so konzentriert es geht. »Ich wusste immer genau, was fünf Minuten bedeuten«.[19] Daran fehlt es offenbar gewaltig bei Nur-Hausfrauen. Die Münchner Finanzberaterin für Frauen, Svea Kuschel, klagt zum Beispiel, die Hausfrauen wären ewig unpünktlich beim vereinbarten Beratungstermin. Die verlässlichsten Leute dagegen seien berufstätige Mütter: Die könnten eben organisieren. Das findet auch die Unternehmensberaterin Tanja Pichler: Gerade Mütter seien gute Arbeitnehmerinnen, »weil die gewohnt sind, schnell und effizient zu organisieren«.

Gute Organisation schadet Kindern nicht, findet nicht nur Angelika Jahr. »Vor allem aber ging es meinen Kindern auf keinen Fall schlechter, als wenn ich immer zu Hause gewesen wäre, aber mit mir selber unzufrieden. Jemand hat sich immer um meine Kinder gekümmert – mit mehr Aufmerksamkeit, als eine Hausfrau und Mutter alleine schafft. Und ich war ausgeglichener. Darüber hinaus war ich für meine Kinder immer erreichbar. Sie wussten, dass sie die oberste Priorität für mich hatten. Wenn sie zum Beispiel krank waren, habe ich von zu Hause aus gearbeitet«.[20]

Sämtliche Experten sind sich darüber einig, gut für's Kind sind liebevolle, stabile Beziehungen, in denen es kognitiv, emotional und sozial gefördert wird, um Selbstbewusstsein und Selbständigkeit als soziales Wesen zu entwickeln.[21] »Erschöpfende Studien aus zwei Jahrzehnten haben keinerlei Beweise für die negativen Folgen von

Tagesbetreuung erbracht«, schreibt die amerikanische Psychotherapeutin Shari Thurer in ihrem Buch *Mythos Mutterschaft*. Forscher der Hebräischen Universität in Jerusalem haben 59 Studien aus der ganzen Welt zum Thema Fremdbetreuung von Kindern ausgewertet: Schädliche Auswirkungen lassen sich nicht finden.[22] In Deutschland ist die Beweislast, dass sie ihre Kinder nicht verkümmern lassen, trotzdem und immer noch nachhaltig bei den arbeitenden Müttern. Kann es sein, dass die entsprechenden Sorgen der Mütter zu einem Teil auch aus dem Wunsch resultieren, partout das Wichtigste in der Welt ihrer kleinen Geschöpfe zu sein? Auf die Frage jedenfalls, warum ausgerechnet sie, die sie ihr Leben bislang in Hörsälen und Meetings verbracht haben, besser zur Kinderbetreuung geeignet seien als eine ausgebildete Erzieherin, bleiben Mammas in der Regel die Antwort schuldig. Vielen Kindern kommt die Überfürsorglichkeit ihrer Mutti auf jeden Fall gerade recht. Sie nützen sie weidlich aus und entwickeln sich zu den reinsten Terroristen. »Die Angst, etwas verkehrt zu machen und Selbstzweifel führen dazu, dass die Mütter sich bis zur eigenen Erschöpfung und darüber hinaus um die Kinder bemühen«, erläutert der Münchner Frühpädagoge Martin Textor.[23] Und aus dem süßen Knirps wird der Haustyrann.

PR-Beraterin Regina Eisele findet jedenfalls, dass es Kindern eher gut tut, wenn sie früh selbständig werden und an ihren Müttern lernen können, dass Arbeit auch eine lustvolle Beschäftigung sein kann. Sie berichtet von ihrer elfjährigen Tochter Miriam, die mittlerweile einfache Gerichte selber zubereiten kann. Das kam so: Der Herr Papa war auf Geschäftsreise aus der Stadt und Muttern unterwegs zu einem wichtigen Termin, als das Mobiltelefon klingelt: »Mamma, die letzten drei Stunden sind ausgefallen. Ich bin zu Hause und hab' Hunger«. Via Handy erklärte Eisele dem Töchterchen, wie man eine Tiefkühlpizza aus der Truhe nimmt und – »Plastikfolie unbedingt auch abmachen!« – in die Röhre schiebt. Miriam war stolz wie Bolle auf ihre erste Pizza und die Frau Mama erst recht: »Neulich kam ich nach Hause, da hatte sie Schnitzel gebraten und Nudeln gemacht. War super – höchstens ein bisschen trocken.«

Unbestritten jedenfalls ist, dass Kinder ihre Geschlechtsidentität nach den Mustern erlernen, die ihnen vorgelebt werden. Mütter, die den dazugehörigen Vätern erlauben, als alleiniger Brotverdiener ständig abwesend und wenn anwesend müde zu sein, prägen die nächste Generation, ebenso wie Mütter, die ganz selbstverständlich Nur-Hausfrauen bleiben. Sie schaffen auch im Kopf ihrer Töchter festgezurrte Verhaltensmuster – und eben keine Optionen. Definitiv schlecht ist es jedenfalls, Kindern vorzuleben, dass die Zuständigkeit für Familie geschlechtsspezifisch sei, denn damit zementieren sich bestehende Verhältnisse bis in alle Ewigkeit.

Interessanterweise ist die Kritik an den Müttern, die arbeiten, auch wenn es rein ökonomisch für die Sicherung des Familieneinkommens nicht erforderlich ist, urdeutsch. Denn nirgendwo sonst in der westlichen Welt fügen sich Frauen so bereitwillig in die Mutterrolle – in allen anderen Industrieländern ist der Prozentsatz arbeitender Mütter höher.[24] Auch deswegen lebt die Schriftstellerin Birgit Vanderbeke mit ihrem Mann und einem 16-jährigen Sohn in Südfrankreich. Sie schreibt, er schreinert und malt. Vanderbeke meint:»Ich halte es für gefährlich, wenn Frauen der Familie zuliebe aussteigen und in eine Art Verkümmerung rutschen. In Frankreich ist das Phänomen Weltverlust durch Kinderkriegen glücklicherweise kein Thema. In unserem Freundeskreis sind etliche Doppelverdiener mit vier, fünf Kindern. Sie packen es alle glänzend. Nicht zuletzt, weil das hier unproblematisch funktioniert, will ich nicht zurück nach Deutschland«.[25] In Großbritannien, Frankreich oder Schweden sind zwischen 87 und 98 Prozent der Karrierefrauen auch Mütter. Hier kennen nur 57 Prozent der Chefinnen neben Projekten auch Pampers. In Deutschland geht nur jedes zehnte Kind unter drei Jahren in eine Kindertagesstätte, in Dänemark sind es 64 Prozent, in den USA sind es 54, in Schweden 48 und in Frankreich 29 Prozent.[26] Sind französische, schwedische und vor allem dänische Kinder deswegen neurotischer als deutsche? Dass ich nicht lache.

Der wichtigste Unterschied zwischen Deutschland und den anderen Industriestaaten ist aber die positive Haltung der Gesellschaft gegenüber berufstätigen Müttern. Und in der Tat: Der Übersetzungsversuch für das Wort »Rabenmutter« wird von französischen Frauen gar nicht verstanden.[27] »Für eine Frau ist es tausendmal angenehmer in den USA zu arbeiten, als in Deutschland«, findet auch Christa Häußler, die für die Bertelsmann Music Group am New Yorker Times Square arbeitet. Auch Anja Keil, die ihre Brötchen als Marketingfachfrau verdient, sah bei Kolleginnen in den USA, dass eine Führungsposition nicht automatisch Verzicht auf Kinder bedeutet. Außerdem gebe es da eine »unausgesprochene Frauensolidarität«. »Mit der richtigen Partnerschaft, in der das Kind nicht automatisch Frauensache ist und der richtigen Infrastruktur aus Kinderfrau, Kindergarten und Verwandten geht das.« In Deutschland gebe es dagegen »ein Mentalitätsproblem. Wenn die Kinder nicht mittags bei Muttern Miracoli essen, ist die Welt nicht in Ordnung«.[28]

Diese Mutterkreuzphilosophie ist für mein Empfinden ein immer noch hoch-toxisches Erbe der Nazi-Jahre. Wie schon Adolf forderte: Eine ordentliche Frau kriegt Kinder und hütet den Herd. Bis auf die Kosmetik gilt immer noch der Spruch aus den Dreißigern »Eine deutsche Frau raucht, trinkt und schminkt sich nicht«. Das neue-alte Weltbild ist klar: Erst eine Frau mit Kind ist wirklich vollständig, wie auch eine *Spiegel*-Titelgeschichte das Comeback der Mütter beschrieb.[29] Dieser gesellschaftliche Anspruch an den Körper anderer Leute ist nicht nur eine Frechheit, sondern auch politisch brisant. Er verewigt nämlich die bestehenden, fast frauenfreien öffentlichen Verhältnisse. Die Hamburger Kulturwissenschaftlerin Barbara Vinken hat diesen »deutschen Sonderweg« der mystifizierten Mutter gar bis zu Martin Luther zurückverfolgt. Sie sagt über die Gegenwart: Die deutsche Mutter werde »in der wilden Welt des Wettbewerbs zur vielleicht entscheidenden Instanz in der Gesellschaft« stilisiert, die Mutter-Kind-Beziehung »zum Reservat der Menschlichkeit«.[30] Dann muss frau nur noch ein großes Schild

»Bitte nicht stören« an die Haustür hängen. Denn sollte sich tatsächlich mal ein Hausmann ins Biotop der Mütter wagen, wird er als ausgesprochen störend empfunden. Nicht von den Medien – die stürzen sich auf den Ausnahme-Mann, dem es offenbar gleichgültig ist, was andere von ihm halten –, aber von den anderen Müttern. Mir ist ein Fall persönlich bekannt, wo ein Vater aus einer Mütterrunde wieder ausgeladen worden ist, vermutlich weil er das kuschelige Tri-Tra-Trallala der Glucken störte. Andreas besuchte nämlich mit dem kleinen Jacob regelmäßig die Krabbelgruppe. Nach den Sommerferien rief die dazugehörige Mutter Stefanie bei der Veranstalterin an und sagte, dass Jacob gerne weiter in die Gruppe kommen will. Zunächst war alles bestens: »Wunderbar wir freuen uns auf euch«. Als Stefanie dann aber fragte: »Selbe Zeit, selber Ort für Andreas und Jacob?« stutzte die Gute und fragte zurück: »Wieso, ich dachte *Du* kommst mit dem Kind?«. Nachdem Stefanie erklärt hatte, dass sie arbeiten gehe, aber gerne Andreas kommen würde, ruderte die andere Mutter schnell zurück: »Da muss ich erst mal die anderen Damen fragen, ob noch Platz ist. Ich rufe wieder an«. Natürlich hat die kleine Familie von diesen Leuten nie mehr was gehört.

Rette sich, wer kann. Am besten in ein Unternehmen. Es stimmt nämlich nicht, dass Karriere und Mutterschaft einander ausschließen. Die schon mehrfach zitierte Sonja Bischoff, die verdienstvollerweise seit Mitte der achtziger Jahre immer wieder die Befindlichkeit weiblicher und männlicher Führungskräfte erforscht, beobachtet folgendes: »Der Anteil der aufstiegsorientierten Frauen ist unter den kinderlosen Frauen größer als unter denjenigen, die Kinder haben. Aber die Vereinbarkeit von Familie und Beruf ist nicht das wichtigste Karrierehindernis. Denn Frauen in höheren Positionen haben öfter Kinder als Frauen in niedrigeren Positionen und Unternehmerinnen haben häufiger und mehr Kinder als ihre angestellten Kolleginnen. Der Preis für den Aufstieg ist somit nicht der Verzicht auf Familie«.[31]

Zu einem ähnlichen Ergebnis kommt die Schweizer Psychologin Claudia Spiess Huldi. Sie musste auf Grund der vorhandenen Stu-

dien davon ausgehen, dass Universitätsabsolventinnen mit Kindern
größere Schwierigkeiten bei der Stellensuche haben und dann eine
Tätigkeit mit einem niedrigeren Anforderungsprofil übernehmen
als ihre Kommilitonen ohne Kinder. Um das zu belegen, nahm
sie sich die Angaben von 7 800 Berufseinsteigern vor, die für
das Schweizer Bundesamt für Statistik einen Fragebogen ausgefüllt
hatten. Mit Ausnahme von den Ingenieur- oder Naturwissenschaften – also echte Männerdomänen, in denen Mütter überdurchschnittlich lang nach einer adäquaten Stelle fahnden müssen – ließ
sich nicht nachweisen, dass der Berufseinstieg für Eltern schwieriger ist als für Kinderlose. Auch die Hypothese, dass sich die Kinderbetreuung nicht mit einer anforderungsreichen Berufstätigkeit
kombinieren lasse, konnte die Analyse nicht bestätigen (wieder mit
der Ausnahme: Ingenieur- und Naturwissenschaften). Dazu die
Psychologin Spiess Huldi: »Die Folgen eines familiären Engage-
ments für den Berufsübergang erweisen sich als lange nicht so
negativ, wie es auf Grund der Fachliteratur hätte vermutet werden
können«.[32]

Denn dass die Verbindung aus Kind und Karriere ganz lebens-
praktisch funktionieren kann, ist längst bewiesen. Auch, dass sich
die Väter einbinden lassen. Das beweist zum Beispiel Familie Eisenberg. Vater Stephan ist 43 und Vater einer zehnjährigen Tochter und
eines zwei Jahre alten Sohnes. Ab dem 1. April 2001 arbeitet er Teilzeit – für 18 Monate. Der Mann ist promovierter Ingenieur, Abteilungsleiter Metall bei VW und in der Funktion Vorgesetzter von
60 Mitarbeitern. Seine Frau, ebenfalls Akademikerin, arbeitet an
zwei Tagen die Woche, er an den andern drei. Wenn er zu Hause ist,
können ihn die Kollegen notfalls per Handy erreichen, müssen sich
dann aber sein Ohr mit dem schreienden Kleinkind oder der Schularbeiten machenden Tochter teilen. »Arbeitszeitmanagement muss
jeder beherrschen, der eine Führungskraft werden will. Wer sich
gegen seinen Willen von der Arbeit private Zeit wegnehmen lässt,
gerät auf die Dauer in Konflikte, die arbeitsunfähig machen« sagt
Stephan Eisenberg. »Wir brauchen neue Vorbilder«, fordert auch

Wilma Borghoff, Führungskraft beim VW-Konkurrenten Ford. »Wir brauchen Chefs, die um fünf Uhr sagen, sie müssten nun gehen. Oder: Die Sitzung möge erst um 8.15 Uhr beginnen, damit sie die Kinder noch zur Schule bringen können«.[33]

Interessant auch das Modell von Sabine und Thomas Kalisch. Sie ist Vorstand einer Biotech-Firma in der Nähe von Rostock, ihr Mann, ein Notar, erzieht zwei Töchter in der Nähe von Hamburg. »Thomas ist lieber beim Segeln als an seinem Schreibtisch. Zwei bis drei Tage Arbeit die Woche reichen ihm. Ich dagegen bin vier Tage und Nächte beruflich unterwegs – und drei daheim. Das ist unsere Vereinbarung. Er geht zum Elternabend, kontrolliert die Schularbeiten. Und kocht uns die tollsten Menüs. Trotz allem ist er kein Hausmann, das würde weder ihm noch mir gefallen«.[34]

Alternativ dazu – oder in Ermangelung eines Vaters – können Mütter ihre Teilzeitbegeisterung auch als Führungskraft ausleben. Das geht. Auf einen Sessel passen zwei Chefinnen. Wichtig ist dabei nur, zuerst Karriere zu machen und dann Kinder, denn ein Chef kann zwar Teilzeit arbeiten, aber ein Teilzeit-Arbeitnehmer niemals Chef werden.

Im Januar 1996 begannen die beiden Amtsrätinnen Annemarie Wiedemann und Anina Schmidtke in Hamburg-Wilhelmsburg, gemeinsam eine Abteilung zu leiten. Wiedemann beschreibt ihren Berufsalltag: »Man muss mit Informationsdefiziten leben können. Flexibilität und soziale Kompetenz sind mehr denn je gefragt«. Das Ganze hat aber auch Vorteile: »Arbeitgeber bekommen doppeltes Potenzial und doppeltes Engagement«. Und der größte Vorteil: »Das könnten genauso gut auch Männer machen«.[35]

Ähnliche Modelle funktionieren auch in der privaten Wirtschaft. Bei der Kommunikationsagentur Compublic zum Beispiel. Die Firma zahlt Tagesmutter oder Kindergarten, um weibliche PR-Berater an Bord zu behalten, auch wenn sie Mütter werden. Oder bei der Commerzbank. Beate Offenberg ist dort Filialleiterin in Mayen – in Teilzeit. Die Mutter zweier Kleinkinder teilt sich die Kundenbetreuung mit einer Kollegin, sie hat Führungsverantwortung für zehn

Mitarbeiter. »Von Männern höre ich oft: Das geht doch nicht. Aber es geht«, sagt sie.[36]

Dass es geht, haben uns auch die Amerikaner längst vorgemacht. Dort kämpfen die Unternehmen um einen guten Platz im Ranking der familienfreundlichsten Arbeitgeber. Das bringt nämlich PR und gute Mitarbeiter. Hierzulande hat die gemeinnützige Hertiestiftung Beruf & Familie e.V. ein Gütesiegel für Familienfreundlichkeit entwickelt. Natürlich ist es für die Unternehmen teurer, sich auf die neuen Modelle für Mütter einzulassen – Teilzeitchefs verursachen vor allem höhere Lohnnebenkosten und Sozialversicherungsbeiträge. Andererseits: Zufriedene Mitarbeiter bleiben im Unternehmen und feiern weniger krank. Deswegen hat zum Beispiel Vaude – Hersteller von Schlafsäcken und Outdoor-Kleidung – aus Tettnang am Bodensee gerade 100 000 Euro in den Bau eines Kinderhauses gesteckt. Die Eltern beteiligen sich mit 75 bis 200 Euro im Monat an den Betriebskosten. Lohn der Mühe für den personalsuchenden Arbeitgeber: Die ersten Mütter kommen aus dem Elternurlaub ins Unternehmen zurück. Wer also als Frau gerne arbeiten will, muss sich einen entsprechenden Arbeitgeber suchen. Die Rösch AG zum Beispiel, ein schwäbischer Modehersteller, mit Marken wie Daniel Hechter im Programm. Rösch hat nicht nur einen Betriebskindergarten, sondern auch 60 Prozent weibliche Führungskräfte auf der ersten Ebene und 80 Prozent auf der zweiten. Beispielsweise sind die Vertriebschefs für alle Marken weiblich. Kein Wunder, dass Rösch mehrfach als familienfreundlich ausgezeichnet wurde. Mütterfreundliche Einrichtungen gibt es beileibe nicht nur in Klein-Unternehmen wie Vaude oder Rösch. Auch Pillenhersteller Schering in Berlin hat einen Betriebskindergarten, der von 6.30 bis 17.30 Uhr geöffnet ist.

Keine Frage: Kinder sind anstrengend, Karriere machen auch. Dass die Kombination erst recht nicht immer lustig ist, steht außer Frage. Doch Bangemachen gilt nicht, denn: Wer aufhört, schadet allen: »Weil sie nicht wirklich arbeiten muss, gibt die berufstätige Hausfrau wegen all dieser Schwierigkeiten ihren Job meist wieder auf. Und gerade dadurch verstärkt sie dann die Vorurteile gegen weibliche Arbeitnehmer. Jede Frau, die durch eine Kündigung ihrer eigenen Diskriminierung aus dem Weg geht, verschärft die Diskriminierung gegen jene, die bleiben, weil sie sie durch ihre Kapitulation noch mehr in den Ruf der Unzuverlässigkeit bringt. So befinden sie sich allesamt in einem Teufelskreis«, so Esther Vilar.[37] Wer möchte, dass die Tochter wirklich eine Wahl für ihr eigenes Leben hat, sollte arbeiten gehen und dafür sorgen, dass die Mädchen ein Rollenvorbild haben. Denn sonst fängt jede Frauen-Generation wieder von vorne an.

9.
Der Schwachsinn mit der Quote oder Frauen und Politik

»Wer nur andere verantwortlich macht,
ändert selber nichts«.

V. S. Naipaul

Im Juli 2001 einigten sich die vier Spitzenverbände der deutschen Wirtschaft und Bundeskanzler Gerhard Schröder darauf, dass endlich was geschehen müsse, um die beruflichen Chancen des schönen Geschlechts zu verbessern. Pflichtgemäß verschickte also der Bundesverband der Deutschen Industrie ein Rundschreiben betreffs »Förderung der Chancengleichheit von Frauen und Männern in der Privatwirtschaft«. Leider offenbarte schon die Anrede des Schreibens, wie es um die Karrierechancen bestellt ist. Da stand kurz und knapp: »Sehr geehrte Herren«.[1]

Verklemmtheiten dieser Art finden nicht nur darin Ausdruck, dass derselbe Bundeskanzler seine neu ernannte Ministerin Christine Bergmann als Ministerin für Jugend, Familie »und Gedöns« bezeichnete. Kongenial brachte seine Gattin Doris Schröder-Köpf die Vorurteile dieser Welt bei der Vorstellung ihres Politik-Lehrbuchs für Kinder *Der Kanzler wohnt im Swimming Pool* auf den Punkt. Sie sagte zu den anwesenden Kids: »Ihr seid bestimmt zuerst mit Politik in der Schule in Berührung gekommen. Da muss man einen Klassensprecher wählen, und am Ende werden immer nur die Jungs gewählt«.[2] Nun, Einlassungen dieser Güte sind keine SPD-Spezialität, das deutsche Frauenbild ist parteiübergreifend miserabel – und das schon ziemlich lange. Die Frauen sind daran leider nicht unschuldig, ihr Verhalten – politisch und persönlich – lädt häufig geradezu dazu ein, Frauen nicht ernst zu nehmen, zu übergehen und abzukanzeln.

Die Frauenpolitik der vergangenen zwanzig Jahre ist die Folge einer unglücklichen Gemengelage aus weiblichem Beleidigtsein und männlichem Chauvinismus. Die einen stilisieren sich zu einer behinderten Minderheit, die besonderer Förderung bedarf und den anderen kommt das höchst gelegen, weil dann die eigentliche Frage nach der Macht gar nicht erst gestellt wird. Das Ergebnis ist katastrophal und nur dazu angetan, die bestehenden Verhältnisse bis zum Sankt Nimmerleinstag zu zementieren. Kurz: Frauenquoten sind Unsinn; die Frauenförderung beackert seit Jahren das falsche Feld; das so genannte Ehegatten-Splitting fördert die weibliche Armut und die besonders bei konservativen Politikern verbreitete Auffassung, Ganztageskinderbetreuung schade der Familie, behindert Mütter in ihrer Bewegungsfreiheit und hindert Kinder am Lernen.

Doch der Reihe nach. Beginnen wir mit dem so heftig umstrittenen Artenschutz: Den Frauenquoten. Die gehören ersatzlos gestrichen, denn erstens nützen sie nichts und zweitens sind sie peinlich. Obwohl das nordrhein-westfälische Frauenförderungsgesetz als erstes seiner Art schon 1989 in Kraft trat, gibt es im öffentlichen Dienst des bevölkerungsreichsten deutschen Bundeslandes kaum Frauen, die es in leitende Positionen geschafft haben. Und in den Amtsstuben der Bundesbehörden gibt es rund zwei Prozent weibliche Abteilungsleiter. Irgendwie mager nach all dem Frauenförderungs-Geschwafel, oder nicht? Außerdem finden nahezu alle Frauen, die je einen wichtigen Stuhl unter den Hintern gekriegt haben, es nachgerade beleidigend, wenn man das Erreichte mit ihrem Geschlecht und nicht mit ihrer Leistung in Verbindung bringt. Auch in der privaten Wirtschaft ist der Ausdruck »Quotenfrau« die beste Voraussetzung dafür, nicht ernst genommen zu werden. Also bitte, bitte keine weiteren Quoten! Keine Reservate und keine Etikette à la »es sind Damen im Raum!«. Denn: Solange Frauen – eine 52-prozentige Mehrheit – sich selber für eine Minderheit halten, die des besonderen Schutzes bedarf, solange werden sie auch so behandelt.

Außerdem schafft die Quote einen Nebenkriegsschauplatz, der auf's gemütlichste von den wichtigen Fragen ablenkt. Oder wie Renate Künast sagt: »Die Einrichtung von Frauengremien und Förderplänen entband die Männer gleichsam von der Aufgabe, eine wirkliche Gleichstellung der Geschlechter herzustellen«. Das heißt im Klartext: So lange die Tanten in Frauengremien zur Familienförderung sitzen und damit beschäftigt sind, brauchen die Männer sie bei der Rente, der Steuer- und Außenpolitik, also bei allen Fragen, in denen es wirklich um Einfluss geht, nicht mitreden zu lassen. Deshalb sagt Künast zu Recht: »Frauen müssen nicht die Hälfte der Stühle, sondern die Hälfte der Macht wollen«.[3] Meine Kollegin Sylvia Schreiber vergab deswegen im *Spiegel* die Note »Ungenügend« für die Quote: »Solange die Frauen grüblerisch in ihren Spinnstuben wirken und nach frauenspezifischen Zugängen zur Welt verlangten, war keine Gefahr für jene mit dem feinen Instinkt für die Macht. Die Frauen blieben dort, wo die Männer sie haben wollten: In den rosaroten und lilafarbenen Ghettos. Was davon nützt, sind die paar Frauenparkplätze in den Tiefgaragen. Der Rest gehört in die Spülung der Frauenklos«.[4]

Das bedeutet allerdings nicht, dass die Frauenbewegung ein Flop war. Ganz im Gegenteil, sie hat als flächenintensive ABM-Maßnahme Tausende von Jobs geschaffen. Frauen-, Gleichstellungs- und Antidiskriminierungsbeauftragte wohin das Auge fällt. Dazu kommen die Umsätze des psycho-industriellen Komplexes mit Büchern von Hera Lind (*Das Superweib*) bis Harriet Rubin (*Machiavelli für Frauen*). Daneben gibt es Frauenparkplätze, Frauennetzwerke, Frauensaunas, Frauenfitnessclubs, Frauen- gar Lesbensitzungen im Karneval und – nicht zu vergessen – Frauenbuchhandlungen. Das schleswig-holsteinische Frauenministerium soll sogar eine Broschüre veröffentlicht haben mit dem Titel »Bauleitplanung aus Frauensicht«. Absolut Spitze war die Aktion der sächsischen Gleichstellungsministerin Friederike de Haas im Jahr 1997. Sie lobte Preisgelder in Höhe von damals noch 40 000 Mark aus für die Unternehmen, die flexible Arbeitszeiten bieten, Mitarbeiter bei der Kinderbetreuung unterstützen, Mädchen auch in frauenuntypischen Berufen ausbilden und nicht nur Männern die Karriereleiter halten. So wurde denn im Freistaat Sachsen als großartige Geste bejubelt, was eigentlich Minimalkonsens sein sollte. »Als preiswürdiger Visionär darf sich jeder fühlen, der seine Mitarbeiterinnen trotz Uterus nicht als behindert betrachtet«, vergoss die Presse ihre Häme. Zu recht.[5]

Aber mal im Ernst. »Politische Versuche, auf dem Weg gesetzlicher Regelungen, soziale Ungerechtigkeiten und ungerechtfertigte Machtverhältnisse durch entsprechende gesetzliche Vorschriften zu beseitigen, gehen in aller Regel nach hinten los und wenden sich in ihren Wirkungen oft gegen den Betroffenen« schreibt der Münchner Soziologe Reinhard Kreissl. »So führte etwa die Einführung des Mutterschutzgesetzes, des Jugendarbeitsschutzes oder auch des Verbots von so genannten Kettenverträgen im Rahmen von Zeitarbeitsverhältnissen keineswegs immer nur dazu, dass sich die Arbeitsbedingungen derjenigen, die durch diese Regelungen geschützt werden sollten, verbesserten. Vielmehr wurden die angestrebten Effekte eines besseren Schutzes der Betroffenen durch die sinkende Attraktivität der so geschützten Personen auf dem Arbeitsmarkt wieder neutralisiert. Frauen, die einen gesetzlich festgelegten Anspruch auf Mutterschutz haben, sind für Arbeitgeber weniger attraktiv ...«.[6]

Doch unser Staat reagiert auf eine dergestalt staatlich provozierte Zurücksetzung von Frauen nicht etwa mit einer Liberalisierung, sondern mit dem Schrei nach weiteren Schutzmaßnahmen. Im Oktober 2000 forderte das Familienministerium, künftig die Vergabe öffentlicher Aufträge daran zu knüpfen, dass die Unternehmen Maßnahmen zur Chancengleichheit umgesetzt haben. Auf Grund einer Ist-Analyse sollen Betriebsrat und Geschäftsführung einen Frauenförderplan erstellen und seine Einführung überwachen.[7] Mittlerweile ist das Vorhaben zum Unmut der Gleichstellungspolitikerinnen geplatzt – aber mal Hand auf's Herz: Hätte es die deutschen Frauen wirklich weitergebracht?

Nun, in Schweden oder Dänemark arbeiten 76 Prozent der Frauen, hier nur 62 Prozent. Dabei haben die nordischen Vorreiterinnen weiblicher Freiheit weder ein Gleichstellungs- noch ein Teilzeitgesetz. »Der Staat schafft dort bessere Rahmenbedingungen, in dem er mehr und flexiblere Betreuung bietet, vor allem für Kinder zwischen null und drei«, sagt Walter Bien vom Deutschen Jugendinstitut in München. Diese Auffassung teilen viele der hiesigen Mütter. Elke Gudduscheit-Jalal vom Verband berufstätiger Mütter meint: »Berufstätige sollen immer möglichst flexibel sein, die Öffnungszeiten im Kindergarten sind es aber nicht. Und einen Platz in einer Kinderkrippe zu ergattern, grenzt an einen Lottogewinn«.[8] Offenbar liegt das Heil nicht in Vorschriften. Wohl aber in vom Staat geschaffenen Freiräumen, die Frauen nach Bedarf nutzen können.

Und mit denen hapert es hierzulande. Auf einer Konferenz zum Thema »Frauen in der Finanzwirtschaft« sagte David Mercer, Direktor des Open University's Future Observatory, dass Frauen im 21. Jahrhundert die Männer auf dem Weg nach oben überholen werden. Erstens weil sie inzwischen besser ausgebildet seien und zweitens weil die Revolution in der Informationstechnologie ihnen das Leben erleichtert. Volkswirte von der Frankfurter DG Bank entgegneten ihm jedoch, dass es ihrer Meinung nach auch 2010 in Deutschland nicht mehr weibliche Manager geben wird – wegen der schlechten Kinderbetreuungsmöglichkeiten.[9] Das Institut für Arbeitsmarkt- und Berufsforschung der Bundesanstalt für Arbeit hat 3 000 ost- und westdeutsche Frauen mit Kindern unter zehn Jahren befragt, wie sie die Vereinbarkeit von Familie und Beruf einschätzen. Dabei haben sich viele über unzureichende Kinderbetreuungsmöglichkeiten beschwert und gesagt, sie wären bereit, für eine bessere Betreuung auch mehr Geld auszugeben.[10] Die bereits 1996 von der CDU formulierte gesetzliche Garantie deutscher Politiker »jedem Kind einen Kindergartenplatz!« ist unter diesen Umständen ein Witz, es gibt nämlich immer noch rund 20 Prozent weniger Betreuungsplätze als Kinder. Bis heute hat die Politik die Vorgabe der Verfassungsrichter von 1993 nicht erfüllt, eine Gesellschaft zu schaffen, in der Karriere und Familie parallel möglich wird. Bis heute ist Deutschland in der Ausstattung mit Horten, Krippen oder Ganztagsschulen im europäischen Vergleich ein nur ganz schwach blinkendes Schlusslicht. Nur für drei Prozent der Kinder unter drei Jahren stehen in den alten Ländern öffentlich finanzierte Betreuungsplätze zur Verfügung. In Dänemark für 48 Prozent. Für fünf Prozent der deutschen Schulkinder gibt es eine Ganztagsschule – in Frankreich ist sie die Regel, nicht die Ausnahme.

Britt zum Beispiel geht sechs Monate nach der Geburt ihres Sohnes Lars wieder arbeiten, weil Erziehungsurlaub und Arbeitsplatzgarantie auslaufen. Das ist kein Problem, denn die Regierung garantiert jedem Kind ab sechs Monaten einen Platz in der Krippe. Lars ist also von acht bis fünf in der Kindergruppe, wie 80 Prozent aller Kinder, die wie er in der Hauptstadt aufwachsen. Wo das nicht geht, bezahlt der Staat Eltern, die mit dem eignen Kind auch ein fremdes tagsüber betreuen. Mit drei wird Lars dann – wie alle seine Freunde – in den Kindergarten gehen, mit fünf in die Vorschule. Parallel zur Schule gibt es dann einen Jugendhort mit Pädagogen, die sich auch um die Hausaufgaben kümmern. Britts Geschichte spielt leider nicht in Deutschland, sondern in Dänemark. Statt Krippe müssen wir nur »Vuggestue«, und statt Jugendhort »Fritidshjem«, also Freizeitheim einsetzen.

Auch die Geschichte meiner Kollegin Annette und ihrer Tochter Wiebke beginnt mit der Krippe oder einer staatlich zugelassenen Tagesmutter. Mit zweieinhalb kommt die kleine Wiebke in eine für Eltern kostenlose Mischung aus Kindergarten und Vorschule, die von 8.30 bis 17 Uhr geöffnet ist. Mit sechs würde für Wiebke die Schule beginnen, die grundsätzlich bis fünf Uhr nachmittags dauert. Danach würde selbstverständlich Hilfe bei der Hausaufgabenbetreuung angeboten. Doch leider musste Annette aus beruflichen Gründen Paris verlassen und nach Deutschland zurückkehren, wo es kein lückenloses Angebot für Kinderbetreuung gibt wie in Frankreich.[11] Mittlerweile hat Annette privat eine Kinderfrau, an die sie einen Großteil ihres Gehalts weitergeben muss. Und sollte die mal krank sein, ist sowieso Hängen im Schacht und Annette muss ihre mühsam verdienten Urlaubstage nehmen. Deutsche Frauen gucken also ganz schön in die Röhre – und neidvoll über die Grenzen.

Umgekehrt guckt das Ausland mit einer Mischung aus Irritation und Mitleid zurück. So wundert sich das amerikanische Magazin *Time* über die armseligen Zahlen an weiblichen Managern in Deutschland und vermutet, es liege am »antiquierten staatlichen Schulsystem«. Elisabeth Müller, eine Kölner Anwältin im Deutschen Juristinnenbund, kann dem US-Blatt nur zustimmen: »In Frankreich oder Spanien ist das Schulsystem sehr viel mehr mit Blick auf arbeitende Mütter gestaltet«.[12]

Die Weigerung Ganztagsschulen einzurichten, hat natürlich nicht nur frauenpolitische Folgen, sondern auch bildungspolitische. Im Dezember 2001 ging ein Aufschrei durch das Land, weil eine im Auftrag der Organisation für wirtschaftliche Zusammenarbeit und Entwicklung (OECD) durchgeführte Studie das miserable Leistungsniveau deutscher Schüler offenbarte. Unter 32 Staaten belegte die Bundesrepublik im Programme for International Student Assessment – kurz Pisa-Studie genannt – gerade mal Platz 25. Das Lese- und Textverständnis vieler 15-jähriger ist nur als katastrophal zu bezeichnen. Anders in Finnland, dem europäischen Land, das am besten abgeschnitten hat. Dort lassen einerseits 190 Schultage den jungen Nordlichtern Zeit für ausgiebige Ferien, andererseits gibt es Ganztagsunterricht mit gemeinsamem Mittagessen – und viel Zeit für intensiven Unterricht. Laut OECD-Bericht zeigen die finnischen Kinder nicht nur beim Lesen und Schreiben hohes Niveau, sondern erzielen auch in Mathematik und Naturwissenschaften Spitzenwerte. Und das lange Zeit ohne Benotung: Die Grundschule kennt keine Examen, sondern nur eine Einschätzung am Ende des Schuljahres, ob das Klassenziel erreicht wurde. Kaum ein Finne verlässt die neunjährige Pflichtschule, der sich nicht auf Englisch verständigen und einen Computer bedienen kann.[13] Ich wünschte, die Deutschen könnten das von ihren Hauptschülern behaupten. Vielleicht hilft die aus den Pisa-Ergebnissen hervorgegangene Diskussion den Politikern, endlich zu begreifen: Wer Kinder in einer Ganztagsschule ausreichend Zeit zum Lernen gibt, versaut ihnen nicht die Kindheit, er gibt ihnen eine Zukunft. Bundeskanzler Schröder hat jetzt immerhin versprochen, ein Förderprogramm aufzulegen, um die Möglichkeiten der Ganztagsbetreuung für Kinder zu verbessern. Dies ist allerdings Sache der Länder – und sobald die in Berlin Geld und Personal fordern, heißt es unisono aus den Bundesministerien: »nicht machbar!«.[14]

Doch zurück zu den Müttern. Im Ausland wird ihnen dank besserer Kinderbetreuung nicht nur das Berufsleben erleichtert, sondern auch die Gehälter sind anderswo fairer als bei uns. In Deutschland verdienen Frauen immer noch rund ein Viertel weniger als Männer im gleichen Job. Würden sie endlich dasselbe kriegen, könnten sie sich vielleicht eine vernünftige Kinderbetreuung leisten. Und außerdem würde das abendliche Gespräch am Küchentisch: »Schatz, ich bin schwanger – wer von uns beiden bleibt denn nun beim Kind?« nicht immer zu Ungunsten der Frau ausgehen. Denn wer mehr verdient, geht eben weiter arbeiten, wer weniger nach Hause bringt, bleibt gleich da.

Offenbar besteigen die deutschen Frauenbeauftragten und -ministerinnen seit Jahren mit Verve den falschen Berg: Die Zahl der Mütter mit Macht wächst (siehe auch Sonja Bischoffs Untersuchung in Kapitel 1). Ausschlaggebend für den Erfolg von Frauen sind vor allem flexible Arbeitszeiten. Sinnvoll wären demnach staatliche Hilfeleistungen wie: Ganztagskinderbetreuung sicher stellen und Arbeitszeiten endlich flexibilisieren. Und – aber das nur am Rande – die Ladenschlusszeiten, damit Frauen endlich dann einkaufen können, wann *sie* wollen. In den Ministerien will man davon nichts hören. Die Geburten stagnieren in Westdeutschland seit 25 Jahren bei 1,4 Kind pro Frau – was, intelligenter ausgedrückt, nichts anderes heißt als: 100 Frauen kriegen im Schnitt 140 Kinder. Das macht nicht nur den Sozialdemokraten Sorgen. Selbst wenn dieser Staat sich zu einem modernen Einwanderungsgesetz entschließen sollte,

werden die deutschen Frauen der Zukunft gleichzeitig mehr arbeiten und mehr Kinder kriegen müssen als ihre Mütter, wenn
uns nicht die Arbeitnehmer und Einzahler in die Sozialkassen
ausgehen sollen. Der wichtigste Grund für den schwachen Fort-
pflanzungstrieb sei die schlechte Vereinbarkeit von Beruf und Kindern für Frauen, heißt es gebetsmühlenartig im Frauenministerium.[15] Wenn aber nach den Angaben arbeitender Mütter Ganztagskinderbetreuung und flexible Arbeitszeiten die zentralen
Themen sind – nicht aber irgendwelche Förderpläne zur Vereinbarkeit – warum versucht das Familienministerium, Zwangsmaßnah-
men für die Unternehmen durchzusetzen, die Mütter nicht brauchen und die auch sonst keiner will – schon gar nicht die Arbeitgeber
dieser Frauen? Ein Geheimnis.

Aus Sicht der Betroffenen lohnender wäre es wohl, stattdessen
eine neue Baustelle aufzumachen. Gemeinsam mit dem Justiz-
ministerium sollten beispielsweise Gruppenklagen auch nach deut-
schem Recht möglich werden. Warum? Nun, Linda Wirth, eine Forscherin beim Genfer Institut für Arbeitsforschung (ILO) meint, ein
Grund dafür, dass es in den USA 43 Prozent weibliche Führungskräfte gibt und in Großbritannien 33 Prozent – gegenüber peinlichen neun Prozent in Deutschland – liege in der Angst der Unternehmen vor Klagen von Mitarbeiterinnen, die sich diskriminiert
fühlen.[16]

Das dazugehörige Instrument heißt Sammelklage und funktioniert wie folgt: Wenn die Vorarbeiterinnen eines US-Autoherstellers
sich zusammenschließen und vor Gericht nachweisen, dass es bei
anderen Unternehmen in der Branche im Schnitt 30 Prozent weibliche Vorarbeiterinnen gibt, im eigenen Unternehmen aber nur
zwölf Prozent, weil das Unternehmen systematisch diskriminiert,
werden unter Umständen hohe Strafen fällig. Vor drei Jahren beispielsweise reichten 900 bei der Investmentbank Merrill Lynch be-
schäftigte Frauen eine gemeinsame Klage wegen Diskriminierung
ein. Der Mineralölkonzern Texaco hat eine entsprechende Klage bereits verloren und bezahlte 1998 rund 40 Millionen Dollar an rück-

ständigem Gehalt und als Kompensation für sexuelle Diskriminierung an die betroffenen Frauen; der Computerhersteller Toshiba löhnte ein Jahr später fünf Millionen Dollar. Das hat sich herumgesprochen: Aus Angst vor den publikumswirksamen Auseinandersetzungen vor Gericht achten die angelsächsischen Konzerne jetzt peinlich genau auf ihren Frauenanteil. Der Grund: Eine Einzelklage wird als Marginalie behandelt, wenn aber eine ganze Gruppe klagt, ist es ein Skandal und in allen Zeitungen. Sammelklagen sind in Deutschland aber nicht möglich.

Die deutschen Gleichstellungsbeauftragten müssen sich fragen lassen, was sie eigentlich in den vergangenen 20 Jahren gemacht haben. Sie haben nicht einmal durchsetzen können, dass Frauen gerecht bezahlt werden. Aber es kommt noch schlimmer: Nur acht Prozent der vorhandenen Chefinnen arbeiten in Unternehmen, in denen es Frauenförderung gibt. Umgekehrt betrachtet, kommt kein günstigeres Bild heraus: In den Unternehmen mit Förderprogrammen haben Frauen weder höhere Positionen in der Hierarchie erreicht, noch bessere Gehälter. Die von Sonja Bischoff und ihrem Team befragten Frauen selber beurteilen die Förderprogramme entsprechend zurückhaltend: Nur sieben Prozent der Frauen und zwei Prozent der Männer glauben, dass entsprechende Projekte den Frauenanteil schnell und nachhaltig erhöhen werden; beide Gruppen sind eher der Meinung, dass sie als »zeitgemäße PR-Maßnahmen zu interpretieren« sind. 31 Prozent der Frauen glauben gar, dass gezielte Frauenförderung eher die Abwehrhaltung der zumeist männlichen Entscheidungsträger fördere als die Frauen.[17]

Im Hinblick auf das Thema »Frauen an die Macht« gingen leider bislang auch die Regeln des Erziehungsurlaubs – der neuerdings Elternzeit heißt – nach hinten los. Die damalige Familienministerin der CDU, Claudia Nolte, feierte 1997 das Recht auf drei Jahre Abwesenheit vom Arbeitsplatz als »frauenpolitische Errungenschaft des Jahrhunderts«: Ziel des Gesetzes sei, die Mutter oder den Vater in die Lage zu versetzen, das Kind in seiner ersten Lebensphase zu begleiten. Konkret hieß das: Die private Versorgungsleistung wurde gestärkt, um den Druck aus dem Anspruch an den Staat herauszunehmen. Und das soll eine frauenpolitische Errungenschaft sein? Im Gegenteil. Eher der gelungene Versuch, Frauen elegant vom Arbeitsmarkt zu locken, um die Arbeitslosenstatistik zu entlasten. Dazu Sabine Hildebrandt-Woeckel, Mutter von vier Kindern und Autorin des Buchs *Karrierefalle Erziehungsurlaub*: »Weil Frauen nach wie vor den Hauptpart der Erziehung übernehmen, stellen sie für die Unternehmen ein größeres Risiko dar. Vor allem kleine und mittelständische Unternehmen können oder wollen es sich nicht leisten, einen Arbeitsplatz drei oder – wenn weitere Kinder kommen – mehr Jahre freizuhalten. Und selbst wenn Frauen eingestellt werden, müssen sie damit rechnen, dass aufgrund ihrer Gebärfähigkeit weniger in ihren Aufstieg investiert wird. Betroffen sind dann sogar die Frauen, die gar keine Kinder wollen oder privat eine andere Lösung gefunden haben, Beruf und Familie zu vereinbaren«.[18] Was als Kuschelecke gedacht war, entpuppt sich bei genauerer Betrachtung als Falle.

Mittlerweile gibt es jedoch ein Reförmchen: Nach dem Bundeserziehungsgeldgesetz dürfen beide Eltern seit Jahresbeginn 2001 für ein Kind bis zu drei Jahre Urlaub nehmen und sich dabei bis zu drei Mal abwechseln. In dieser Zeit dürfen die Eltern bis zu 30 Stunden in der Woche Teilzeit arbeiten, früher waren es 19 Stunden. Ziel der Novelle: Der Elternurlaub sollte auch für Väter interessanter werden, aber bisher ohne Erfolg. Nach wie vor sind nur 1,5 Prozent der Erziehungsurlauber männlich. Jeder dritte Mann befürchtet nämlich, durch die Abwesenheit im Job den Anschluss zu verlieren oder Karrierechancen einzubüßen.[19]

Zu Recht. Langer Erziehungsurlaub ist tatsächlich eine Karrierefalle. Erhebungen des Familienministeriums zufolge kehren nur 55 Prozent der Erziehungsurlauberinnen an ihre frühere Stelle zurück und von den Rückkehrerinnen wurden noch mal 28 Prozent in den ersten Wochen nach ihrer Rückkehr arbeitslos. Das liegt vor allem daran, dass die Unternehmen Frauen, die für drei Jahre verschwunden waren, nichts mehr zutrauen. Einer Umfrage des

Instituts für Arbeitsmarkt- und Berufsforschung unter rund 19 000 Betrieben zufolge glauben Arbeitgeber, dass Rückkehrerinnen die Familie höher bewerten als den Beruf, nicht voll einsetzbar sind, nur einen »Zeitvertreib mit Entgelt« suchen und Sonderrechte reklamieren.[20]

Wer das nicht glauben mag, der rede mal unter vier Augen mit Personalchefs. Die sagen übereinstimmend: Nach drei Jahren Auszeit können Sie eine Karriere vergessen. Je qualifizierter der Job, desto kürzer kann man sich aus ihm ausklinken. Folglich ziehen die Männer mit Anfang 30 an den Frauen vorbei. Oder wie Friedel Schreyögg, Frauenbeauftragte der Stadt München sich ausdrückt: »Die Babypause der Frauen ist die Chance der mittelmäßigen Männer«.[21]

In anderen Worten: Deutscher Erziehungsurlaub ist viel zu lang. Wie gesagt, Amerikanerinnen und Skandinavierinnen sind besser dran ohne entsprechende Regelungen. Aber wenn schon ein so langer Erziehungsurlaub politisch gewünscht ist – und sei es nur, um die Arbeitslosenstatistik zu schönen – wäre eine Novelle angesagt, die das volle Erziehungsgeld und die volle Dauer der Auszeit davon abhängig macht, dass die Väter die Hälfte des Erziehungsurlaubs nehmen, wie es auch der Verband der berufstätigen Frauen in Deutschland fordert.[22] Denn erst dann werden männliche Arbeitnehmer für die Unternehmen genauso unberechenbar wie weibliche – und es wird gleichgültig, ob man Männer oder Frauen einstellt. Schweden hat erste Ansätze einer solchen Regelung verwirklicht: Für jedes Kind gibt es ein Jahr staatlich finanzierten Erziehungsurlaub – mindestens ein Monat davon muss jedoch auch von dem Partner genommen werden, der ansonsten weiterarbeitet, sonst verfällt das entsprechende Geld.[23] Ergebnis: Über ein Drittel der Väter entscheiden sich für eine Auszeit, der Kinder willen.[24]

Hierzulande dürfen im Erziehungsurlaub nun also bis zu 30 Stunden die Woche gearbeitet werden und seit dem 1. Januar 2001 gilt auch, dass jeder Arbeitnehmer verlangen kann, künftig Teilzeit zu arbeiten, wenn nicht betriebsbedingte Hindernisse dem entgegenstehen. Auch diese Regelung ist vordergründig toll, genauer betrachtet aber die nächste Falle. Denn Teilzeit führt dazu, dass noch mehr Frauen in Jobs bleiben, die weit unter ihren Möglichkeiten liegen und zementiert so die weitgehend frauenfreien Verhältnisse auf der Beletage der Industrie.

Schon nach der Verlängerung des Erziehungsurlaubs auf drei Jahre nahm im Westen die Erwerbstätigkeit der Frauen mit Kindern unter drei Jahren deutlich ab. Im Jahr 2000 lag sie noch bei 23 Prozent. Lediglich sechs Prozent der dazugehörigen Kinder wurden außer Haus versorgt. Gleichzeitig nutzten die Mütter verstärkt die Möglichkeit zur Teilzeitarbeit mit dem Ergebnis, dass im Jahr 2000 auch noch drei Viertel Teilzeitverträge hatten. 1986 waren es nur die Hälfte. Dieser Trend wird sich mit der neuen Regelung noch verstärken. Auch später, wenn die Kinder im Grundschulalter sind, steigen die Frauen nicht etwa wieder voll ein. Wenn die Kinder eingeschult sind, gehen zwar 64 Prozent der Mütter in Westdeutschland wieder arbeiten – aber wiederum drei Viertel nur in Teilzeitverträgen. Dummerweise finden die Frauen selber diese Lösung offenbar ideal: 65 Prozent der Befragten befürworten ein Lebensmodell, in dem ein Partner voll arbeitet und der andere Teilzeit.[25] Allerdings sind nur fünf Prozent der Teilzeitarbeiter Männer![26]

Und das hat Gründe. »Teil-Zeit« wird nämlich fast überall mit »Zweite Klasse« übersetzt, Unterstützung, gar Beförderung erfährt in dieser Situation kaum einer. Teilzeit geht ohne Schaden für die Karriere nur für diejenigen, die vorher schon eine beachtliche Hierarchiestufe erreicht hatten, wie John Reed, Vorstandsvorsitzender der Citigroup. Er arbeitete ein Jahr lang deutlich reduziert, um seine Kinder aufwachsen zu sehen und kehrte dann unbeschadet in Amt und Würden zurück.[27] Oder Stephan Eisenberg (den ich im voranstehenden Kapitel schon mal erwähnt habe), der bereits Abteilungsleiter bei VW und in der Funktion Vorgesetzter von 60 Mitarbeitern war, bevor er beschloss, der Kinder willen 18 Monate reduziert zu arbeiten.

Teilzeit ist aber auch aus einem anderen Grund eine Falle. Die Frauen arbeiten nämlich fast soviel wie zuvor, weil sie die Ressentiments ihrer Umgebung spüren und beweisen wollen, dass sie trotz Kindern wertvolle Mitarbeiter sind. Häufig arbeiten sie mehr, als sie den vereinbarten Stunden nach müssten, haben also doch nicht wirklich Zeit für die Kids und verdienen obendrein noch deutlich schlechter als zuvor mit Vollzeitstelle. Das ist wirklich nur für die Unternehmen gut, bestimmt nicht für die Familien. Das findet auch Heather Joshi von der Londoner City Universität, die das Lebenseinkommen einer voll berufstätigen Frau mit dem einer Frau verglichen hat, die acht Jahre aussteigt und zwei Kinder bekommt, um danach Teilzeit zu arbeiten, bis die Kinder die Schule abgeschlossen haben. Ergebnis: Die Frau mit der halben Karriere muss damit rechnen, in ihrem Leben nicht ganz die Hälfte von dem zu verdienen, was die voll arbeitende nach Hause trägt. Nicht nur wegen des achtjährigen Verdienstausfalls, sondern auch weil sie in der Zeit wichtige Beförderungen verpasst und als Teilzeitkraft eine weniger verantwortungsvolle Stelle akzeptieren muss.[28]

Für Heidi Kruske, Gruppenleiterin beim Konsumgüterhersteller Procter & Gamble wäre Teilzeit deswegen nie in Frage gekommen: »Ich hätte dabei fast genauso viel gearbeitet. Aber deutlich weniger verdient«. Sie sagt aber auch, dass ihr Chef nicht wahnsinnig begeistert war, als sie nach der Geburt ihres ersten Kindes immer pünktlich nach acht Stunden den Heimweg antrat: »Das ist ein kleiner Erziehungsprozess«.[29] Der ist auch notwendig, hat doch die *Wirtschaftswoche* zusammen mit dem Ökonomieprofessor Heinz Galler ausgerechnet, dass sich in Deutschland die Verluste im Lebenseinkommen durch Kinderbetreuung einschließlich Karriereknick bei Hauptschülerinnen mit zwei Kindern auf rund 158 000 Euro netto, bei Realschülerinnen auf rund 169 000 und bei Akademikerinnen auf 225 000 Euro netto belaufen.[30]

Die Folgen betreffen jedoch in der Regel nicht die ganze Familie, sondern vor allem die Frau – nämlich bei der Altersversorgung. Teilzeitarbeiterinnen haben weniger Geld, um sich um ihre Rente zu kümmern. In die öffentlichen Kassen zahlen sie weniger ein und bekommen folgerichtig auch weniger raus – und die staatliche Rente wird schon bei durchschnittlichen Zahlern nicht gerade dick ausfallen. Wenn Frauen ihre paar Kröten dann auch noch lieber in die Familie oder Klamotten investieren, statt sie in den privaten Vermögensaufbau zu stecken, ist Altersarmut geradezu programmiert (siehe dazu auch das vierte Kapitel »Frauen leben länger – aber wovon?«).

Aus diesem Grund gehört meiner Meinung nach auch das so genannte Ehegattensplitting verboten. Da klafft eine gewaltige Falle für die Frauen, weil sie wegen eines relativ kleinen Steuervorteils dauerhaft mit einem Minimaleinkommen herumsitzen – mit entsprechenden Folgen für ihre persönliche Vermögensbildung. Praktiziert wird das Splitting wie folgt: Die Einkommen beider Partner werden zusammengerechnet und danach halbiert. Das heißt »gemeinsame Veranlagung«. Jeder versteuert nun das halbe Gesamteinkommen. Mit diesem Verfahren vermindert sich im Ergebnis die Progression des Steuertarifs. Wenn einer allein 50 000 Euro versteuert, liegt der Satz bei 31 Prozent. Wenn zwei jeweils 25 000 Euro zu versteuern haben, liegt der Satz bei nur 20 Prozent. Das heißt in der Praxis: Er mit dem hohen Einkommen zahlt einen geringeren Steueranteil, als er müsste, wenn er nicht gemeinsam mit der Gattin veranlagt wäre. Und sie zahlt mehr, als sie eigentlich müsste. Unterm Strich entsteht ein Steuervorteil, der umso größer ist, je weiter die Einkommen der Ehepartner auseinanderliegen, im Idealfall – dazu muss er über 110 000 Euro im Jahr verdienen und sie gar nichts – beträgt er rund 10 400 Euro im Jahr. Bis 2005 wird der höchstmögliche Splittingbetrag allerdings auf 8 350 Euro gekappt.

Fair ist ein solches Konstrukt nur dann, wenn der Ehemann seiner Frau den Steuerbonus jeden Monat in bar über den Küchentisch schiebt, weil sie ihn mit ihrer Teilzeit erst möglich macht – ebenso wie die Bequemlichkeit, dass er von der Kindererziehung nur die Wochenenden mitkriegt. Alternativ dazu könnte das Paar das so vor dem Fiskus gerettete Geld in eine persönliche Altersversorgung für sie stecken. Das ist jedoch in der Regel nicht der Fall, meist wandert das Geld in ein neues Auto oder in den Jahresurlaub. In anderen Worten – für einen relativ geringen gemeinsamen Steuervorteil und die Freiheitsliebe ihres Gatten nehmen viele Frauen über Jahre in Kauf, auf ein reduziertes Teilzeit-Gehalt auch noch einen erhöhten Steueranteil zu bezahlen.

Keine Frage, unsere Politik ist auch über 50 Jahre nach Kriegsende immer noch geprägt von der Mutterkreuzphilosophie der Nazis. Kinderkriegen und -erziehen ist erste Staatsbürgerinnenpflicht. Wehe, wer sich der entzieht und sei es auch nur für acht Stunden am Tag. »Jedes Kind braucht persönliche Zuwendung, Begleitung, Liebe, Vorbild und Autorität der Eltern. Die Entwicklung der personalen Eigenständigkeit und Gemeinschaftsfähigkeit, des Werte- und Verantwortungsbewusstseins hängt wesentlich von der Erziehung in der Familie ab. Erziehung ist Elternrecht; wer sich für Kinder entscheidet, übernimmt Rechte und Pflichten, denen er sich nicht entziehen darf.« So stellt sich die CDU eine heile deutsche Welt vor, oder so steht es zumindest im Grundsatzprogramm von 1994. Soll heißen: Ganztagskindergärten und -schulen sind schlecht für die Familie! »Und damit den Eltern auch wirklich niemand in die Erziehung hineinpfuscht, wurden dringend benötigte Betreuungsinstitutionen gar nicht erst geschaffen. Aus dem Erziehungsrecht, wurde unversehens eine Erziehungspflicht«, so die Autorin Sabine Hildebrandt-Woeckel«.[31] Franz-Xaver Kaufmann, emeritierter Soziologie-Professor an der Universität Bielefeld fasst die Gemengelage sehr treffend wie folgt zusammen: »Die deutsche Sozialpolitik begünstigt die alten Männer und benachteiligt die jungen Frauen«.[32]

Ins Bild passt auch die Entscheidung der gegenwärtig agierenden rot-grünen Koalition, das so genannte Dienstmädchenprivileg wieder abzuschaffen. Bislang durften 9000 Euro im Jahr für »Aufwendungen für hauswirtschaftliche Hilfen« steuerlich geltend gemacht werden. Mager genug, denn für die 750 Euro Bruttogehalt, die das monatlich ausmachte, bekam ohnehin keine berufstätige Frau die

Entlastung einer Haushaltshilfe oder Tagesmutter. Nun, auch diese magere Hilfe ist wieder gestrichen, mit dem Argument, andere Aufwendungen der privaten Lebensführung wären auch nicht steuerlich abzugsfähig. Gekippt ist auch der Haushaltsfreibetrag von 2880 Euro, auf den Alleinerziehende bisher Anspruch hatten. Bis 2005 wird er auf Null reduziert. Gegen die Abschaffung der bisherigen Steuerklasse II will der Verband der alleinerziehenden Mütter und Väter vor dem Bundesverfassungsgericht klagen. Unverheiratete Väter und Mütter landen seit dem 1. Januar 2002 im teuren Singleclub der Steuerklasse I. Für einen Alleinerzieher mit einem Bruttoverdienst von 2450 Euro macht das mal eben 80 Euro im Monat aus.[33] Abgeschafft ist auch der ehemalige Ausbildungsfreibetrag von 2148 Euro, jetzt gibt es nur noch 924 Euro – aber nur für Kinder zwischen 18 und 27 Jahren, die nicht bei ihren Eltern leben.

Stattdessen wurde das Kindergeld für die ersten beiden Sprösslinge um 15 auf je 154 Euro erhöht. Alternativ dazu können Eltern auch Freibeträge von insgesamt 5808 Euro wählen – die sich zusammensetzen aus 3648 Euro »sächliches Existenzminimum«, 1548 Euro »Betreuungsfreibetrag« und 612 Euro »Erziehungsfreibetrag«. Zuammen ergibt sich daraus ein steuerliches Entlastungsvolumen von 2160 Euro.

Die Freibeträge zu wählen, statt sich ein erhöhtes Kindergeld auszahlen zu lassen, lohnt sich erst ab einem zu versteuernden Jahreseinkommen von 60 000 Euro. Experten meinen: Familien mit geringem Einkommen verlieren durch die Reform. Ebenso Alleinstehende, Eltern ohne Trauschein und getrennt lebende Ehepaare.[34]

Das erstaunliche daran ist nur, dass all die vielen Frauen offenbar willig in die Fallen tappen und sich diese Politik gefallen lassen. Dabei sind 52 Prozent der Menschen weiblich – auch in Deutschland. Wenn diese Mehrheit entschlossen Politik machen und sich gegenseitig wählen würde, wäre längst jede Demokratie der Welt ein Matriarchat – mit den entsprechenden Gestaltungsspielräumen. Doch leider schließt sich hier der Kreis. Denn wie schon im dritten

Kapitel »Macht ist eklig« beschrieben, haben die meisten Frauen so viel Angst vor Verantwortung, dass sie es sicherheitshalber bei dem bequemen Gemecker im privaten Kreis belassen.

10.
Das wirklich schwache Geschlecht: Männer.

»Überhaupt ist es ja nicht leicht,
ein Mann zu sein. Als Frau hast du doch
viel mehr Freiheiten, wir dürfen doch
manchmal einfach nur weinen.
Als Mann musst du ständig da rausrennen
und unter diesen anderen Wölfen so tun,
als wärst du auch einer. Das ist doch
fürchterlich anstrengend.«

Barbara Becker

Anne Lauvergeon, die Vorstandsvorsitzende des französischen Atomkonzerns Cogema hatte keine Schwierigkeiten, 150 andere weibliche Chefs auf einer Konferenz zum Lachen zu bringen. Sie erzählte die folgende Geschichte aus ihrem Leben: Zum Amtsantritt im Vorstand ihres neuen Arbeitgebers begrüßte sie der Vorstandsvorsitzende des Unternehmens mit den Worten: »Meiner Meinung nach können Sie das hier nicht. Der Beruf einer Frau«, sagte er, »ist es, einen Haushalt zu führen und Kinder zu erziehen«. Etwas später kam Lauvergeon zu Ohren, dass derselbe Boss sie gegenüber anderen Kollegen lautstark gelobt hatte. Also ging sie in sein Büro und fragte ihn, ob er immer noch finde, dass Frauen diese Art von Top-Job nicht machen könnten? »Ja«, antwortete er, »das denke ich immer noch. Aber Sie sind keine Frau.«[1]

Viele Männer sind einfach Würstchen. Lieber unterziehen sie eine Kollegin einer Geschlechtsumwandlung, als ihr eigenes Weltbild zu ändern. Aber es fällt schwer, ihnen ihre Albernheiten übel zu nehmen, denn letztlich sind Männer arm dran.

Es fängt schon damit an, dass alle Menschen vom Prototyp her Frauen sind. Erst in der sechsten Woche nach der Befruchtung wird durch das Y-Chromosom aus dem ursprünglich weiblichen Embryo ein Junge. Dem Y-Chromosom fehlt ein Beinchen zum weiblichkeits-bestimmenden X-Chromosom, deswegen wird es gelegentlich spöt-tisch zum Unfall der Natur erklärt. Und in der Tat ist das Y ziemlich anfällig für Störungen: Schon im Mutterleib sterben mehr männ-liche als weibliche Föten und auch die Säuglingssterblichkeit von Jungen ist 25 Prozent höher als die von Mädchen.[2] Das liegt daran, dass Frauen zwei X-Chromosomen haben – sollte eines davon einen krankmachenden genetischen Fehler aufweisen, wird es einfach stillgelegt und das Mädchen lebt fröhlich mit dem anderen, gesun-den weiter. Ein Junge hat nur ein X-Chromosom. Ist das nicht in Ordnung, ist das Kind nicht lebensfähig oder behindert. Fazit: Von Natur aus sind Frauen das starke Geschlecht und Männer das schwache.

Die moderne Medizin setzt diesem natürlichen Nachteil kaum etwas entgegen, ist sie doch weitgehend auf Mädchen geeicht. Das war nicht immer so. Noch vor 25 Jahres gab es keine speziell auf weibliche Belange hin ausgerichtete Heilkunde. Mit Ausnahme der Gynäkologie gingen die Doktoren davon aus, dass Männer und Frauen zumindest auf dem Krankenlager gleich behandelt werden müssten. Doch konsequente feministische Lobbyarbeit führte dazu, dass die Besonderheiten des weiblichen Körpers in der Medizin inzwischen berücksichtigt werden. »Als beinahe notwendige Konse-quenz aus der Konzentration auf das Weibliche sind in der Medizin männliche Belange ins Hintertreffen geraten«, schreibt der Medi-zinprofessor Siegfried Meryn im *British Medical Journal*. Und der Kölner Urologe Theodor Klotz bemängelt, dass für die Erforschung typisch weiblicher Tumore wie Brustkrebs wesentlich mehr Geld ausgegeben werde, als für typisch männliche Krebsarten, die Magen, Darm, Lunge und Prostata betreffen – obwohl diese häufiger seien.[3] In den vergangenen 20 Jahren wuchs beispielsweise die Zahl der Prostatakrebs-Toten um 17 Prozent, Tendenz weiter steigend.

Gleichzeitig steigt das Problembewusstsein. Auf dem im Novem-ber 2001 in Wien stattgefundenen »Ersten Weltkongress zur Män-nergesundheit« wurde unter anderem diskutiert, warum Frauen im

Schnitt sieben Jahre länger leben als Männer, denn noch 1920 betrug der weibliche Vorsprung lediglich ein Jahr. Würde die Lebensdauer der Männer die der Frauen sieben Jahre übersteigen, hätten uns die Feministinnen längst klar gemacht, dass die Lebenserwartung der beste Indikator dafür ist, wer wirklich über Macht und Wohlstand in einer Gesellschaft gebietet. Aber so wird eben achselzuckend akzeptiert: Männer wollen herrschen und dafür müssen sie eben den Preis bezahlen.

Bei den 15 weltweit führenden Todesursachen haben sie die Nase vorn. Männer sterben fast doppelt so häufig an Herz-Kreislauf-Erkrankungen wie Frauen, auch Krebs rafft doppelt so viele Männer wie Frauen dahin und ein Schlaganfall trifft sowieso häufiger das starke Geschlecht. Auch psycho-sozial fallen vor allem Männer aus dem Rahmen: Bei Alkohol- und Drogenmissbrauch und bei gewalttätigen Auseinandersetzungen – überall führen Männer. »Diese steigende männliche Aggression und Selbst-Aggression sind ein ungelöstes gesundheitliches und soziales Problem«, sagt der Wiener Arzt Siegfried Meryn.[4]

Die Gründe für die männliche Kurzlebigkeit suchen viele Ärzte in den Hormonen. Es fehlt dem Mann vor allem am Anti-Stress-Hormon Östrogen, das – zumindest bis zu den Wechseljahren – weibliche Hirne, Herzen und Knochen fit hält. Auch die Produktion der Hormone Somatotropin und Melatonin – letzteres wird in letzter Zeit als Wunderdroge gegen das Altern gefeiert – geht bei Männern schneller zurück als bei gleichaltrigen Frauen. Und während für die Damen Hormongaben in der Menopause zum medizinischen Standard gehören, wird das Testosteron-Defizit alternder Herren so gut wie nie mit Tabletten ausgeglichen. Das so genannte Klimakterium virile wird einfach ignoriert – bestimmt auch deswegen, weil bisher nicht ausreichend erforscht ist, welche Nebenwirkungen Hormongaben auf Männerkörper haben.

Doch lassen wir die Hormone mal beiseite und uns dafür auf ein gedankliches Experiment ein: Könnte es nicht auch sein, dass die Frauen an dem Männerelend Mitschuld tragen, in dem sie ihren Teil der Verantwortung in Wirtschaft und Gesellschaft einfach nicht übernehmen, sondern den Männern zusammen mit der Macht auch ganz gerne den Stress überlassen – mit den bekannten gesundheitlichen Folgen? Beobachtungen des Evolutionsbiologen Karl Grammer legen das nahe. Er sagt, die Obsession des Mannes mit dem eigenen Status und der daraus resultierende Stress würde letztlich von den Frauen verursacht. Er argumentiert: »Wird eine Frau gesichtet, läuft beim Mann ein Programm ab wie bei einer Waschmaschine – die Brust schwillt, und die Rede endet im endlosen *Ich*.« Frauen sind in ihrem Balzverhalten jedoch gewaltig auf der Hut, besonders an ihren fruchtbaren Tagen. Genau dann erreicht ihre verbale Leistungsfähigkeit ihren Höhepunkt – und »auf der Höhe ihrer Geisteskraft suchen die Frauen nicht unbedingt einen schönen Mann, sondern einen, der mächtig, wohlhabend und dominant ist«, so Grammer. Sein Fazit: »So betrachtet, ist unsere scheinbar von Männern dominierte Gesellschaft in Wahrheit ein Produkt weiblicher Fortpflanzungsstrategie«.

Das Weib will einen ganzen Kerl. Und das aus diesem Lockruf resultierende Verhalten wird zum Männer-Killer: »Wie die Primaten kämpfen die Knaben um ihre Position in der Rangordnung«, meint kühl der Züricher Psychiatrie-Professor Jules Angst über das erhöhte Risiko der Männer, zum Opfer der eigenen Aggression zu werden.[5] Wer oben in der Rangordnung steht, kommt bei den Damen gut an. Also wird erst im Job bis zur Erschöpfung gearbeitet und dann in Extremsportarten das Leben riskiert, bis im wahrsten Sinne des Wortes die Schwarte kracht. Dadurch etwa blankliegende Nerven werden gerne mit Currywurst, Pommes und Schnaps wieder zugedeckt. Die Folgen sind eindeutig: Zwei Drittel aller Notfallpatienten sind Männer. Denn wenn's nicht gerade um's Überleben geht, führt der Zwang, ein harter Kerl zu sein, kaum je zum Arzt oder gar zur Krebsvorsorge. Gucken Sie sich um: Die Wartezimmer der Ärzte sind voller Frauen.

Die kümmern sich nicht nur besser um das Gehäuse, in dem sie leben, sie haben in der Regel auch ein intakteres soziales Umfeld.

Vielen Männern fehlt dagegen oft die Zeit, außerhalb ihrer Partnerschaft soziale Beziehungen aufzubauen und zu pflegen. Besonders dramatisch macht sich dieser Unterschied im Sozialverhalten nach dem Tod des Partners bemerkbar: Während Witwer doppelt so schnell dahin kümmern wie Witwen, erlebt von den letzteren so manch eine einen zweiten Frühling.[6]

Neben der beruflichen Belastung wirkt hier auch wieder das tradierte Rollenverständnis. Während sich Frauen im Kummerfall wochenlang im Kreise ihrer Freundinnen ausheulen dürfen, weil Menschen weinende Frauen normal finden, werden krisengeplagte Kerle so lange als »Jammerlappen« abqualifiziert, bis sie einen Abend lang mit ihrem besten Freund am Tresen stehen können und trotzdem außer den Fußballergebnissen und »Willste noch'n Bier, Alter?« nicht viel sagen. Denn »sensibel«, »kontaktfreudig« oder »feinfühlig« ist nur in der Beschreibung von Frauen ein Kompliment. Angewendet auf Männer werden dieselben Worte als höfliche Umschreibung von »mimosig«, »anstrengend« und »ängstlich« verstanden. Und das will Mann ja keinesfalls sein.

Er will mächtig sein und stark – denn was bleibt ihm sonst auch übrig? Schwache Männer – also Verlierer – sind einfach unerotisch. Schwache Frauen dagegen geradezu eine Einladung an den Beschützer. Statt sich also Freunde zu suchen und über ihre Versagensängste zu sprechen, eifern die Herren nun ausgerechnet beim Thema Schönheitsoperationen den Damen nach – schon 50 000 Männer begeben sich in Deutschland im Jahr unters Messer, weil die Nase zu lang, der Bauch zu rund ist oder die Lachfältchen auch in tiefem Ernst nicht weichen wollen. Im Amerika, besonders rund um Wall Street, sollen derzeit die Kinn-Implantationen boomen. Von der Börsen-Achterbahn gebeutelte Banker und Broker hoffen, mit energischem Gesichtsausdruck die nächste Entlassungswelle zu überstehen. Na klar: Sowohl Gattin als auch Geliebte erwarten einen verlässlichen Ernährer und alle zwei Jahre einen Karrieresprung. Immerhin, der schwer ausgebuchte kosmetische Chirurg Detlef Witzel – mit 20 Prozent männlicher Klientel – beobachtet, dass

Frauen sich durch das Skalpell stärker verändern wollen als Männer. »Sie tun das, um anderen zu gefallen.« Männer wünschen sich nur kleine Korrekturen: »Das machen sie für sich selbst«. Na, wenigstens hier sind Reste von Selbstbewusstsein zu erahnen.

Das ist auch vonnöten, denn am Horizont droht die Überflüssigkeit: Die Fortpflanzungsmedizin macht's möglich. Der Vermehrung wegen muss die Hälfte der Menschheit nicht mehr aus Männern bestehen. Eine Handvoll würde genügen, um die Samenbanken zu bestücken. Das heißt im Klartext: Ein Mann, der als Ernährer und Beschützer der Brut nicht taugt, wird jetzt von der weiblichen Welt noch viel leichter ausgemustert, denn zum Kinderzeugen braucht ihn bald keine mehr. Kein Wunder, dass viele Männer erst ein geknicktes Ego und dann – spätestens mit 40 – eine erektile Dysfunktion kriegen, oder schlichter ausgedrückt: Potenzprobleme. Die Krone der Schöpfung ist von dem Wahn mit der eigenen Leistungsfähigkeit mittlerweile weltweit so gestresst – die Hauptursache für Potenzsorgen –, dass auch ihre Spermien immer matter werden. Im Zeitraum von 1940 bis 1990 sank die Zahl der Samenzellen im Ejakulat des Durchschnittsmannes von ehemals 113 Millionen pro Milliliter auf 66 Millionen. Außerdem schwand auch die Menge der Produktion pro Orgasmus von 3,4 auf 2,75 Milliliter.[7]

Nicht nur in Fragen der Manneskraft fühlen sich viele Männer von den eigenen Frauen bedroht. Das beobachten auch Peter Köpf und Alexander Provelegios, die ein Sachbuch über den modernen Mann verfassten. Ihr Tenor: Frauen sind zu dominant geworden. Provelegios sagt: »Wir schreiben, dass nach 30 Jahren Emanzipationsbewegung in vielen Partnerschaften die Frauen die Hosen anhaben und Männer, die dauernd mit eingezogenem Kopf durch die Weltgeschichte schleichen, endlich ihr Schweigen brechen müssen.« Köpf erzählt beispielsweise von der Mutter seines Kindes: »Sie hatte keine Ausbildung, keinen Job. Also war die Absprache: Ich arbeite, und du machst Haus und Hof. Aber auf Dauer war sie nicht glücklich damit. Wenn ich abends nach zehn Stunden im Büro abgehetzt nach Hause kam, legte sie mir das Kind in den Arm und sagte vorwurfsvoll: So, jetzt bist du dran. Als hätte ich den ganzen Tag im Büro die Beine hochgelegt ... Das hat mich maßlos geärgert.«

Dazu sein Freund Provelegios: »Das Korsett tradierter Rollenerwartungen sitzt so eng, dass sich mancher Mann überhaupt nicht mehr bewegen kann. Diese Männer brauchen Unterstützung. Sie haben das Recht, ihre Bedürfnisse zu formulieren und sich der weiblichen Dominanz zu erwehren«. Er verdient zum Beispiel weniger als seine Freundin und hat ihr klipp und klar gesagt, er sei nicht in der Lage, eine Familie zu ernähren und dass er deswegen auch einen finanziellen Beitrag zur Familiengründung von ihrer Seite erwarte. Angekommen sei das ganz schlecht, sagt er, denn obwohl sie die Notwendigkeit intellektuell einsieht, war diese Neuigkeit »ein Schock für sie«.[8]

In der Tat, auf die Dauer will keine Frau die vom Feminismus lange ausdrücklich propagierten sanften neuen Männer haben. Der Softie in Norwegerpulli und Birkenstockschuh verendete als Karikatur in *Brigitte* und *Freundin* – oder konvertierte eilig zum coolen Yuppie, weil er auf weibliche Gesellschaft dann doch nicht verzichten wollte. Und so klagt der *Economist*, ein hochangesehenes britisches Wirtschaftsmagazin: »Die Gehälter der Frauen steigen, die der Männer sinken; Frauen können sich benehmen wie Vamps, während Männer wegen sexueller Belästigung belangt werden; der Feminismus hat die traditionelle Männerrolle zerstört, ohne eine neue zu schaffen; Männer wissen nicht, ob sie ein New-Man oder ein He-Man sein sollen, knuddeliger Vater oder wettbewerbsorientierter Krieger. Das reicht, um auch sonnige, feministische Männer zu verstören, die an die Gleichwertigkeit der Geschlechter glauben«.

In der Tat, mehr weibliche Freiheit war nie, dem Staat sei Dank. Und die Frauen nützen sie weidlich aus. Immer öfter reichen die Frauen die Scheidungsklage ein oder werfen den Vater ihrer Kinder aus der Wohnung. Das Scheidungsrecht hilft ihnen dabei. Nach 20 Jahren Frauenbewegung können sie sich darauf verlassen, dass sie sowohl die Kinder als auch Unterhalt zugesprochen bekommen.

»Emotional und finanziell geplündert, weigern sich einige Männer zu zahlen. Doch in Amerika und zunehmend auch in Großbritannien jagt der Staat alimenteflüchtige Väter. Wer zum Beispiel in New York seinen Führerschein verlängern lassen will, muss die Sozialversicherungsnummer angeben, damit der Staat überprüfen kann, dass es sich bei ihm nicht um einen delinquenten Vater handelt«, schreibt der *Economist*.[9] Besonders hart trifft es die Männer aus den unteren Schichten: Während sozial schwachen Müttern dank jahrelanger harter Lobbyarbeit staatlich geholfen wird, unterstützt niemand sozial schwache Väter, die ihre Alimente nicht zahlen können. Sie werden einfach als verantwortungslos abgestempelt. Dabei haben sie es – dank der Pille – gar nicht mehr in der Hand, ob sie zeugen wollen oder nicht. Und zu allem Überfluss sind auch noch zehn Prozent der Kinder Kuckuckskinder – also nicht von dem Vater gezeugt, der ihr Leben finanziert.

»Ein Mann, der erlebt, dass seine Ehe zur Unterhaltszahlung wird, sein Heim zum Heim seiner Ehefrau und seiner Kinder, die dazu gebracht wurden, sich gegen ihn zu wenden, hat psychologisch das Gefühl, dass er ein Leben lang für Leute arbeitet, die ihn hassen. Er möchte verzweifelt gern wieder lieben, fürchtet aber, dass er sich mit einer neuen Ehe noch eine Hypothekenschuld einhandelt, noch ein paar Kinder, die sich von ihm abwenden, und noch tiefere Verzweiflung. Wird das dann als ›bindungsscheu‹ bezeichnet, fühlt er sich unverstanden,« schreibt Warren Farrell, ein Mann. Das wäre nicht weiter bemerkenswert, wäre nicht Farrell drei Jahre lang im Vorstand von NOW, der amerikanischen National Organization for Women, gesessen. Die Heuchelei und das ungleiche Maß, mit dem in der Geschlechterfrage gemessen wird, beschrieb er nach dieser Erfahrung: »Wenn Frauen Männer kritisierten nannte ich das ›Erkenntnis‹, ›Selbstbehauptung‹, ›Frauenbefreiung‹, ›Unabhängigkeit‹ oder ›entwickeltes Selbstbewusstsein‹. Wenn Männer Frauen kritisierten, dann sprach ich von ›Sexismus‹, ›männlichem Chauvinismus‹, ›Abwehr‹, ›Rationalisierung‹ und ›Backflash‹. Ich tat das höflich – aber die Männer verstanden sehr wohl. Bald unterließen es die Männer, ihre Gefühle auszudrücken und ich kritisierte sie wiederum.«

Farrell betont, dass Frauen die Wahl haben zwischen Vollzeitjob, Vollzeitmutter und einer Mischung aus beidem, während die Option der Männer immer nur lautet: Vollzeitarbeit. Dass viele dann irgendwann wutentbrannt schreien: »Du warst es, die heiraten wollte. Du warst es, die Kinder wollte. Du wolltest das Haus und die Möbel, und jetzt bist DU es, die BEFREIT werden will?« kann eigentlich niemanden wundern.

Letztlich sei es auch eine Schimäre, dass die Männermacht Frauen in die schlechtbezahlten Berufe abdränge, so Farrell. Andersherum werde ein Schuh daraus. Echte Drecksarbeit lassen die Frauen der westlichen Welt gerne von Männern erledigen. Von den 25 schlechtesten Jobs – definiert durch eine Kombination aus den Faktoren Stress, schlechte Bezahlung und Aufstiegschancen, Gefahren am Arbeitsplatz und schwerem körperlichem Verschleiß – sind 24 reine Männerjobs wie Lastwagenfahrer, Metallarbeiter, Dachdecker, Baumaschinenfahrer, Schweißer, Bergarbeiter. Deswegen kommen in den USA täglich so viele Männer durch Arbeitsunfälle um wie an einem durchschnittlichen Tag im Vietnamkrieg. Schlecht ausgebildete Frauen machen natürlich auch mies bezahlte Jobs, aber die finden meist in geschlossenen Räumen statt und sind weitestgehend ungefährlich wie Verkäuferin oder Rezeptionistin.[10]

Arm dran, die Kerle. Und um das Maß an männlicher Frustration voll zu machen, haben Frauen den Penis inzwischen von einem furchteinflössenden Tabu zum Objekt für Witzchen verwandelt. In den sechziger Jahren hatte nicht mal Ken, Barbies Mann, auch nur die diskreteste Beule in seinen Boxershorts. Doch dann kamen die 68er und von nun an ging's bergab. Nicht nur im Fernsehen. In der TV-Komödie *Ally McBeal* gibt es zwei Episoden, in denen ein fabelhaft ausgestattetes Model die Anwältin zum Ergötzen des Publikums völlig fasziniert, in *Sex in the City* sprechen die Frauen über sein bestes Stück wie über eine Bratwurst, im Kinofilm *Verrückt nach Mary* wird als großer Brüller ein Schwänzchen in einen Reißverschluss geklemmt, in *American Pie* lacht sich das Publikum kaputt, weil ein Teenager seinen kleinen Mann in einen warmen Apfelkuchen steckt. Die Potenz von Bill Clinton und die daraus resultierenden Flecken auf Monica Lewinskys Kleid füllten monatelang die Presse und die Witzseiten im Internet.

Und dann kam Viagra: Die Werbung und Berichterstattung über die blaue Wunderpille riss sämtliche Barrieren ein. Männer bezeugen – Pfizer sei Dank – nun treuherzig auf halben Zeitungsseiten, dass sie wieder können und warum. Überhaupt die Werbung: Sie hat den Finger am Puls der Zeit und auch sie beginnt, das Unbehagen der Männer ironisch zu verbrämen. Der Schweizer Uhrenhersteller IWC forderte ganzseitig: »Frauen rauchen unsere Cohiba. Sie fahren unsere Harley. Trinken unseren Lagavulin. Lasst uns wenigstens unsere IWC!«. In anderen Worten: Männer sind inzwischen auch Witz- und Sexobjekte und fühlen sich in dieser Rolle ähnlich unwohl wie die meisten Frauen.

Die Privilegien des Mannseins – Studieren, Arbeiten und Erben *dürfen* – haben sich Frauen längst unter den Nagel gerissen, die Nachteile dieses Geschlechts – Verantworten, Beschützen und Ernähren *müssen* – sollen jedoch schön sein Problem bleiben. Am liebsten wäre es vielen Frauen, wenn Mann die Nachteile des Frauseins – Depressionen, Unsicherheit, Schönheitswahn – auch gleich mit übernähme. Dazu passt, dass einstmals von den Frauen monopolisierte Krankheiten wie Bulimie und Magersucht – Essstörungen, deren Ursache in der mangelnden Annahme der eigenen Körperlichkeit vermutet wird – zunehmend auch zum Problem von pubertierenden Jungen werden. Fehlt nur noch, dass künftig Brustkrebs beim Mann ähnlich epidemisch ausbricht wie bislang bei Frauen.

11.
Bossa nova?
Wenn Frauen managen,
sind sie oft richtig gut.

»Wenn du etwas erklärt haben willst,
frag einen Mann. Wenn du etwas erledigt
haben möchtest, frag eine Frau.«

Margaret Thatcher

»Da will einer ein Gehirn kaufen und stellt fest, dass die grauen Zellen einer Frau sehr viel billiger sind als die eines Mannes. Warum? Die Antwort lautet: Sie sind schon benutzt!«. Sharon Stone liebt diesen Witz. Die Hollywood-Heroine mit dem berüchtigt hohen Intelligenzquotienten erzählt ihn gern und häufig. Und wie jeder enthält auch dieser Witz ein Körnchen Wahrheit. Trotzdem *halten* sich Männer für intelligenter als Frauen. Sie taxieren ihren IQ auf 127. Frauen hingegen geben sich in der Selbsteinschätzung schon mit einem IQ von 120 zufrieden. Der Durchschnitt liegt für beide Geschlechter allerdings nur bei 100. Das zumindest besagt eine schottische Studie. Aber sollte Intelligenz mit Denken zu tun haben, brechen kanadische Forscher für die Frauen eine Lanze: In den Teilen des Hirns, die für das Nachdenken und Erinnern zuständig sind, werden bei Frauen 18 Prozent mehr Hirnzellen gezählt.[1] Es gibt also gar keinen Grund für weibliche Bescheidenheit.

Männliche Angeberei und weibliches Understatement haben trotzdem Methode. Schon mal eine Karrierefrau gefragt, woher ihr Erfolg rührt? »Ich hatte Glück und einen wirklich guten Mentor«, heißt es meist. Ganz anders die Selbstauskunft der Männer: Allein ihre gute Ausbildung, harte Arbeit und große Belastbarkeit haben sie an die Spitze gebracht. Frauen in den Chefetagen sind bescheiden und Männer voller Selbstbewusstsein – ein Klischee aus dem Unternehmensalltag, das viele empirische Studien belegen. Dabei müsste die Gemütslage eigentlich umgekehrt sein: Frauen hätten allen Grund, sich stolz an die Brust zu schlagen. Dieselben Studien belegen nämlich auch: Frauen sind die besseren Manager.

Lässt man Führungskräfte in einem so genannten 360-Grad-Feedback von ihren Vorgesetzten, Kollegen und Untergebenen beurteilen, bekommen Frauen deutlich bessere Noten als Männer. Managerinnen sind fachlich kompetenter, setzen realistischere Ziele und können besser Mitarbeiter beurteilen. Kurz: Chefinnen gelten in nahezu allen Disziplinen als überlegen. Das belegen eine Vielzahl neuer amerikanischer Untersuchungen. Die Hagberg Consulting Group etwa im kalifornischen Foster City – eine Beratung, die Leistungsanalysen der Kader ihrer Klienten-Unternehmen durchführt – ließ 425 Topmanager bewerten: Frauen bekamen in 42 von 52 gemessenen Fähigkeiten die besseren Noten. Frauen sind effektiver, qualitätsbewusster und sensibler für Trends. Personnel Decisions International, eine Beratung aus Minneapolis, untersuchte gar die Leistungsbeurteilungen von 58 000 Managern – nur um festzustellen: In 20 von 23 Disziplinen schlagen Frauen die Männer. Ihr Fazit: Frauen durchdenken Entscheidungen besser, sind stärker an Zusammenarbeit und weniger an persönlichem Glamour interessiert.

Diese Ergebnisse sind auch deswegen so eindrucksvoll, weil die Studien eigentlich gar nicht nach geschlechtsspezifischen Unterschieden suchten. Die Berater stießen beim Analysieren der Routineerhebungen aus Unternehmen aller Branchen und Größen quer durch die USA eher zufällig auf diese Ergebnisse.[2]

Dieselben Untersuchungen belegen aber auch, dass Männer Frauen in zwei Punkten schlagen, die in vielen Unternehmen als Grundvoraussetzung für Chefs gelten: Männer sind die besseren Strategen. Und sie erweisen sich als überlegene Analytiker, besonders bei technischen Zusammenhängen. Beide Erkenntnisse – dass Frauen in der Regel sozial kompetenter und Männer analytischer sind – verblüffen kaum. Sie sind seit Jahren bekannt. Schon 1990 belegten die beiden US-Psychologen Alice Eagly und Blair

Johnson in einer Meta-Analyse von 171 verschiedenen Studien zum geschlechtsspezifischen Führungsverhalten, dass weibliche Chefs eher demokratischer führen und männliche eher autokratisch. Und dass Frauen gleichzeitig mehr um die persönlichen Beziehungen am Arbeitsplatz und die Erfüllung von Aufgaben bemüht sind als ihre männlichen Kollegen.[3] Doch offenbar passen diese Erkenntnisse erst jetzt so richtig zum Zeitgeist der Wissensgesellschaft, werden doch Frauen in all den Disziplinen höher bewertet, die als Voraussetzung für den Erfolg im Informationszeitalter gelten.

Auch in Europa: Die französische Zeitung *L'Entreprise* musste nach einer großangelegten Reihenuntersuchung feststellen, dass Frauen die fähigeren Führungskräfte sind: Nach einer Untersuchung von 22 000 Unternehmen lautete das Ergebnis, dass die von Frauen geführten Unternehmen erheblich schneller als der Durchschnitt wachsen und zudem doppelt so rentabel sind.[4] Folglich beginnen auch manche deutsche Unternehmen zu ahnen, dass weibliche Manager durchaus den Unternehmenserfolg steigern. »Nadelstreifig denkende Manager bringen lauter nadelstreifige Ergebnisse – und das sind nicht immer die besseren«, sagt zum Beispiel Nannemieke Wijn, die als Chefin des deutschen Kaffeegeschäfts von Kraft Jacobs Suchard einen Umsatz von mehr als einer Milliarde Euro verantwortet.[5] Bei der schon erwähnten, renommierten Bank HSBC Trinkaus & Burkhardt beispielsweise ist unbestritten, dass Frauen sich besser in die Bedürfnisse der Kunden einfühlen. »Im Grunde gibt es inzwischen bei allen Banken vergleichbare Produkte. Entscheidend für den Unternehmenserfolg kann also nur die gute Beziehung zum Kunden sein«, weiß Kirsten Sänger. Und mit Menschen umgehen können Frauen häufig gut.

In der Tat sind Managerinnen ziemlich engagiert, nicht nur im Umgang mit Kunden. »Frauen haben einen höheren Anspruch an sich als Männer, sie erwarten von sich, keinen einzigen Fehler zu machen« erklärt Corinna Steinhauer, Managerin in der Konsumgüterindustrie.[6] Folglich spielt jedes Programm im Vertrieb, an der Börse, in den Finanzabteilungen der Konzerne, das wirklich die individuelle Leistung misst, den Frauen in die Hände. Ihre Ergebnisse sind häufig ganz einfach besser. »Liegen Fakten und Zahlen auf dem Tisch, fehlen den Vorgesetzten Argumente, die dafür sprechen, einen männlichen Bewerber vorzuziehen,« sagt auch Professor Rolf Wunderer, Leiter des Instituts für Führung und Personalmanagement an der Universität St. Gallen. Und tatsächlich: Eine Umfrage des *Manager Magazins* bei den 30 größten deutschen börsennotierten Gesellschaften ergab: In den Abteilungen, in denen viel gerechnet, verbucht und geprüft wird – im Rechnungswesen, Controlling, Marketing und Vertrieb – sind Frauen überproportional stark vertreten.[7] Das weiß auch Bankerin Sänger: »Der Markt ist blind für das Geschlecht. Der Markt belohnt den Erfolg«.

Auf jeden Fall wollen immer mehr Unternehmen ihren Frauenanteil auch in den Beletagen erhöhen. DaimlerChrysler hat sich beispielsweise 30 Prozent mehr weibliche Mitarbeiter zum Ziel gesetzt und auch die Deutsche Bank will Frauen gezielter fördern.

Beim Kölner Mediendienstleister Fröbus GmbH beispielsweise wimmelt es nur so vor jungen Frauen. Der dazugehörige Unternehmer Karl Gerhard Hecheltjen betont allerdings, das habe nichts mit seinen persönlichen Vorlieben zu tun. Alle Bewerber müssen bei ihm den gleichen Eignungstest machen. »Und dabei sind die Mädels einfach besser.« In der Folge sind von 135 Mitarbeitern 70 weiblich. Eine spezielle Frauenförderung gibt es bei Fröbus jedoch nicht. Hecheltjen hält sie ohnehin für überflüssig: Frauen seien doch sowieso schon flexibler, kommunikativer und teamfähiger als ihre männlichen Kollegen. Also bekam Fröbus 2000 den Titel frauenfreundlichstes Unternehmen in Nordrhein-Westfalen. Schmankerl am Rande: Die Fröbus-Sekretärin Nadine Reigl reichte die Bewerbungsunterlagen ohne das Wissen von Chef Hecheltjen ein. Auch als das Unternehmen sich der Jury präsentierte, blieb der Unternehmer außen vor – geredet haben vor allem Reigl, eine Auszubildende und der Marketingleiter. Fröbus teilt sich den Frauenfreundlichkeits-Titel mit der Mühlheimer Werbeagentur Breuer & Schröder. Merkwürdigerweise sieht man auch da Frauenförderpläne eher kritisch. »Frauen brauchen keine bevorzugte Behandlung. Sie sollen nur gerecht behandelt werden«, findet die Chefin Bettina Breuer. Die Mutter dreier Kinder gründete vor elf Jahren das Unternehmen gemeinsam mit ihrem Mann. Heute sind von 31 Mitarbeitern 22 Frauen.[8]

Jedoch: Nicht alle ziehen aus den neuen US-Studien den euphorischen Schluss, dass ab sofort ein weiblicher Boss automatisch auch den Unternehmenserfolg sichert. Susan Gebelein, Vizepräsidentin der Beratung Personnel Decisions International, die die erwähnten 58 000 Persönlichkeitsprofile auswertete, weiß nämlich schon seit den ersten Befragungen durch ihr Unternehmen von 1984, dass Chefinnen bessere Noten kriegen als Chefs. Die besten Beurteilungen erfahren sie übrigens in Unternehmen mit nahezu ausschließlich männlichen Führungskräften. Wahrscheinlich deswegen, weil die Frauen, die sich da durchsetzen, tatsächlich sehr gut sind. Birgit König, Mutter und Partnerin im deutschen Büro der Unternehmensberatung McKinsey, teilt diese Ansicht: »Da noch viele Unternehmen in den Chefetagen deutlich männlich dominiert sind, trifft man in den Frauen dort eine Positivselektion an«. Vielleicht wird also umgekehrt ein Schuh draus, so auch Gebeleins ketzerische Vermutung: Wenn Frauen in einem feindlichen Habitat Erfolg haben, sind sie meist auch rundum überlegen. Dazu Beraterin König: »Die Frau als solche ist nicht der bessere Manager – die wenigen Topfrauen, die es geschafft haben, möglicherweise schon«. Muss wohl, denn von 110 deutschen McKinsey-Partnern sind ganze vier weiblich und dass obwohl ihr Chef Jürgen Kluge das Thema femininer Nachwuchs zur ersten Priorität erhob und mit Verve versucht, Frauen an Bord zu kriegen. Insgesamt sind mittlerweile rund 15 Prozent der Berater weiblich.[9]

Auch Robert Kabacoff hat Zweifel an der allgemeinen Überlegenheit der Damen. Den Vizepräsidenten der Personalberatung Management Research Group im amerikanischen Portland beschlich angesichts der hervorragenden Noten für die Frauen in seinen Studien nämlich der Verdacht, dass Chefinnen auch deswegen so gut bewertet werden, weil die Beurteiler sie nicht mit Männern in derselben Position vergleichen. Beispielsweise bekommen Führungskräfte in Personalabteilungen generell bessere Noten als Manager aus anderen Bereichen. Da viele weibliche Bosse gerade da arbeiten, könnte das Lob eher mit ihrem Job als mit dem Geschlecht zusammenhängen, so seine These. Also begann er, 900 weiblichen 900 männliche Manager auf der gleichen Position in einer vergleichbaren Firma gegenüberzustellen. In seiner Studie bekamen die Chefinnen immerhin bei genau der Hälfte der abgefragten Qualitäten bessere Beurteilungen. Kollegen und Untergebene fanden die Frauen effektiver, die Vorgesetzen befanden: Männer und Frauen managen etwa gleich gut.[10] Doch in ihrem Stil gibt es große Unterschiede.

Prototypisch beschreibt die Wissenschaft den »weiblichen Führungsstil« als eine »kreisförmig teambezogene Netzwerkstruktur mit der Frau im Zentrum des Teams. Die Führungsfrau bildet das ›Herz‹ und bemüht sich um intensive Beziehungen zu ihren Mitarbeiterinnen und Mitarbeitern. Informationen können direkt weitergegeben werden, ohne den Umweg über die Hierarchie. Kreativität und Eigeninitiative werden eher gefördert«. Den »männlichen Führungsstil« dagegen protokollieren die Forscher als »pyramidal-hierarchisch, mit dem Führer als ›Kopf‹. Informationen laufen über die Hierarchie, Beziehungen stehen unter dem Aspekt des Erfolgs und der Effektivität, respektieren weniger die kreativen Potenziale und die lebensweltlichen Bezüge der Mitarbeiterinnen und Mitarbeiter«.[11]

Fragt man in den Unternehmen Praktiker beiderlei Geschlechts, kommen ähnliche Beobachtungen ans Licht: Informationen unter Verschluss zu halten, empfinden Frauen als nutzlosen Machttrip, Männer dagegen setzen ihr Wissen sparsam ein und gezielt. Frauen dagegen pflegen ihre Mitarbeiter besser. Doch immer noch stellt sich die Gretchenfrage: Wenn es nun tatsächlich den Frauen gelingt, Kopf und Herz besser zu verbinden, und sie deswegen tatsächlich die besseren Manager sind – warum managen sie dann nicht? Wenn

Frauen für die profitorientierten Unternehmen mehr Gewinn erwirtschaften könnten, als Männer das tun, müssten die Konzerne sich doch rückwärts verbiegen, um weibliche Vorstände aufzutreiben. Das tun sie aber nicht, besonders nicht in Deutschland, wie die schon mehrfach zitierten Statistiken zeigen. Warum?

Nun, extreme Mitarbeiterorientierung wird oft nicht erkannt und nicht belohnt. Wenn ein weiblicher Chef einen Kollegen über ein verpasstes Meeting informiert, wird er einfach als »nett« empfunden, und nicht als eine Person, die die Voraussetzungen für wichtige Entscheidungen schafft. Vielleicht werden Frauen deswegen von manchen Studien als »nicht strategisch« und »nicht visionär« beurteilt. Die vermeintlich größte Stärke der Chefin wird ihr zur Falle: Weil sie hart arbeitet, um mit dem Team gute Ergebnisse zu produzieren, hat sie keine Zeit, am eigenen Netzwerk zu stricken. »Die Frauen müssen endlich lernen, hinter ihrem Schreibtisch hervorzukommen und ihre Fahne zu schwenken«, betont Sonja Bischoff. »Tolle Konzepte schreiben reicht nicht, Frauen müssen sich auch darum kümmern, dass sie Alliierte haben, die ihre Ideen mittragen«. Auch übergroße Mitarbeiterorientierung kann zur Sackgasse werden. So äußern in Deutschland nahezu alle Befragten in den Unternehmen, Beratungen und Forschungseinrichtungen, dass viele Frauen große Probleme damit haben, Konflikte auszuhalten. Viele werden zum Opfer ihrer eigenen Gefallsucht und versuchen im täglichen Gerangel um Macht und Budget die Atmosphäre zu klären, während die Männer schon längst mit ihrem nächsten Projekt beschäftigt sind. Die Harvard-Professorin Rosabeth Moss Kanter folgert: »Solange Frauen als diejenigen glorifiziert werden, die den Arbeitsalltag nett gestalten, werden sie nicht Vorstandsvorsitzende«.

Frauen führen in der Tat anders als Männer. Aber ein extrem teamorientiertes »Herz« an Führungskraft wird die Truppe wohl eher in einen Diskutierklub führen, als zu den Ergebnissen, die die Unternehmensleitung erwartet. Genauso wie ein extrem autokratischer »Kopf« so viel innovatives Potenzial verschüttet, dass ebenfalls die Ergebnisse darunter leiden. Vermutlich gibt es keinen weiblichen oder männlichen Führungsstil, sondern nur guten und schlechten. Und der gute vereint Herz und Kopf. Wer beides mitbringt, wird von beiden Geschlechtern als Chef akzeptiert; wer nur eine Seite nutzen kann, wird auf Dauer Schwierigkeiten haben, sich als Führungskraft durchzusetzen. Das gilt für Männer und Frauen.

Dennoch hält sich in vielen Konzernen hartnäckig der Eindruck, dass Unternehmenslenker vor allem Helden sein müssen. Das belegt eine zweite Studie von Robert Kabacoff von der Management Research Group in Portland. Er verglich die 360-Grad-Beurteilungen von jeweils 13 weiblichen und männlichen Vorstandsvorsitzenden und von jeweils 73 Senior Vice-Presidents. Ergebnis: Für Vorstände und Topmanager wird immer noch mit zweierlei Maß gemessen. Männliche Firmenlenker werden gut beurteilt, wenn sie machtvoll, überzeugend und wettbewerbsorientiert auftreten; und schlecht, wenn sie sich kooperativ und mitfühlend geben. Für weibliche Topmanager gilt genau das Gegenteil: Schlechte Noten für dominantes Verhalten, gute für kooperatives. Merke: Emotionale Intelligenz wird zunehmend für wichtig erachtet, aber wenn es bei der Besetzung des Vorstandssessels zum Schwur kommt, wird nach wie vor der »ganze Kerl« an die Spitze gesetzt. Die FDP-Politikerin Hildegard Hamm-Brücher hat wahrscheinlich deswegen schon vor Jahren gesagt: »Wenn eine blöde Frau ebenso wie ein blöder Mann einen Spitzenjob bekommen kann, dann haben wir Gleichberechtigung«.

Aber selbst wenn ein Unternehmen gerne einen Top-Job an eine Frau vergeben würde, finden sich kaum dafür qualifizierte Frauen, wie jeder Personalberater bestätigen kann. Frauen stehen auf einer bestimmten Ebene einfach nicht mehr zur Verfügung, weil sie sich zurückziehen, bevor es wirklich ernst wird. Macht finden die meisten Frauen bedrohlich und haben daher an ihrer Ausübung kein Interesse. Die Übernahme von Verantwortung löst bei vielen schier unüberwindliche Ängste aus (siehe dazu auch Kapitel 3: »Macht ist eklig oder Die Angst der Frauen vor der Verantwortung«). Die Vorstellung, dass sie bessere Chefs wären, macht sie nicht etwa stolz, sondern verschreckt. Denn die Umsetzung dieser Erkenntnis würde ja auf unbekanntes Terrain führen und ihre Sicherheit als Ehefrau und Mutter bedrohen, die ihre Erwerbstätigkeit eher als Ausflug in die große weite Welt begreift, denn als Lebensaufgabe.

Leider ist dieses distanzierte Verhältnis der Frauen zur Herrschaft für manche Frauenrechtlerinnen schon wieder eine Tugend, wie eine Studie von Barbara Schaeffer-Hegel an der TU Berlin über die *Politikerin als Beruf* beweisen soll: »Gerade die Verhaltensweisen, die aus Frauen gute Führungskräfte machen, sind gleichzeitig auch die, die verhindern, dass sie es werden«.[12] Ich finde das bedenklich, denn mit ihrer Kritik am hässlichen Gesicht der Macht vermeiden Frauen es einerseits sehr geschickt, sich mit der eigenen Unfähigkeit auseinander zu setzen, Macht und Verantwortung zu übernehmen. Und andererseits kommen die Frauen dann auch um den Beweis herum, dass sie verantwortungsvoller mit Macht umgehen als die Männer.

Und letztlich löst der Angriff auf das Tabu, dass die Männer nicht die besseren Manager sind, bei *beiden* Geschlechtern Abwehr aus. »Es ist gesellschaftsfähig zu sagen, dass Frauen *anders* sind oder dass sie in den als typisch weiblich eingestuften Bereichen besser sind als Männer. Sogar, dass Männer ihre Aufgaben nicht gut genug machen, darf man sagen. Aber: Die Behauptung, dass *Frauen bessere Manager* sind, wird als Provokation empfunden«, schreibt die Feministin und Trainerin Dorothea Assig.[13] Viele Männer empfinden die Feststellung, Frauen seien die überlegenen Chefs als direkten, persönlichen Angriff auf ihre Potenz. Die Abwehrreaktionen sind entsprechend heftig, persönlich und sexistisch.

Managementtrainer allerdings raten Frauen, keine Energie mit Hierarchien und hodenfixierten Chefs zu vergeuden. Wer an einem vorgesetzten Dinosaurier immer wieder scheitert, sollte wechseln: die Abteilung oder das Unternehmen. Wer wirklich ein Händchen dafür hat, immer auf's Neue mit idiotischen Chefs zu enden, sollte das Martyrium der Festanstellung beenden. Sich selbstständig machen – und dann möglichst selber kein idiotischer Chef sein. Christine Hesse, Gründerin und Geschäftsführerin der Düsseldorfer Hesse Designstudios, spricht für viele Frauen, wenn sie sagt: »Die Wahrscheinlichkeit, in einem bestehenden Unternehmen was zu werden, erschien mir gering. Also habe ich die Gründung gewagt – im eigenen Unternehmen bin ich nur noch vom Markt und der Qualität meiner eigenen Ideen abhängig, aber nicht von der Bürokratie, der Konvention und dem Wohlwollen der Kollegen«.[14]

Doch leider wirken auch hier die Probleme deutscher Frauen (mangelndes Selbstvertrauen, Angst vor Verantwortung, Harmoniesucht), die in den vorangegangenen Kapiteln ausführlich geschildert worden sind: In den USA wird jedes zweite mittelständische Unternehmen von einer Frau gegründet, in Deutschland nur jedes vierte.[15] Der Frauenanteil an den Unternehmensgründungen ist laut der Organisation für wirtschaftliche Zusammenarbeit und Entwicklung (OECD) fast überall höher als hierzulande, selbst in Portugal (41 Prozent), Polen (38,8 Prozent) oder Ungarn (31 Prozent).[16] Die Folge beweist ein kleines Experiment: Nennen Sie mir spontan eine bekannte deutsche Gründerin! Es fällt Ihnen leider auf die Schnelle keine ein? Nun, so geht es den meisten Leuten. Denn von unserem 80-Millionen-Volk waren 1999 nur 990 000 Frauen selbstständig – immerhin schon mal 27 Prozent mehr als 1991.[17] Aber bekannte Frauen wie Beate Uhse mit ihren Sexshops oder die Designerin Jil Sander bleiben dennoch die Ausnahme. Das ist schlimm für die deutsche Gesellschaft, denn eine hohe Rate an Selbstständigkeit in einem Land ist so gut wie immer auch mit schnellem Wirtschaftswachstum gekoppelt, wie die Volkswirte wissen.

Gründen bedeutet Wachstum – und so passt ins Bild, dass die deutschen Jungunternehmerinnen laut einer Studie der Deutschen Ausgleichsbank (DtA) seit 1990 mehr als 60 000 Arbeitsplätze geschaffen haben, das sind rund fünf Angestellte pro Chefin. Dabei eröffnen viele Frauen typischerweise Friseursalons und Boutiquen, aber zum Glück auch Designstudios, Eventagenturen und Gastronomiebetriebe. Fast zwei Drittel der Frauen stellen sich mit Dienstleistungsbetrieben auf eigene Füße und beweisen so Gespür für den Markt, denn der so genannte dritte Sektor einer Volkswirtschaft wird wohl auch auf absehbare Zeit ein Wachstumsbereich bleiben.

Zu den üblichen bürokratischen Hürden auf dem Weg in die Selbständigkeit haben Frauen jedoch auch beim Gründen einige spezifische Probleme, die nicht ausschließlich auf feindlich gesinnte Männer zurückzuführen sind. Viele Frauen, die vor allem gründen, um mehr Zeit für die Familie zu haben, scheitern. Die Berater der Deutschen Ausgleichsbank können ein Lied davon singen: Die hohe Arbeitsbelastung einer Gründung wird von Frauen selten im Vorfeld richtig eingeschätzt, sie führt aber oft später zu Problemen. Gründerin Beate Böttiger-Kohlhofer wünschte sich beim Gründen flexiblere Arbeitszeiten: »Das war mir am Anfang möglich, als ich nur ein Schreibbüro betrieb«, erinnert sie sich. Seitdem sie jedoch auch Telefonservice anbietet, gilt: »Als Teilzeitjob ist ein Büroservice nicht machbar«.[18] Einer Schweizer Untersuchung bei jeweils 750 weiblichen und männlichen Gründern zufolge, wird im Mittelstand in der Tat hart geschuftet: Frauen kommen im Schnitt auf 44 Stunden in der Woche, Männer auf 53.[19]

Darüber hinaus sind Frauen im Umgang mit Geld nicht besonders clever und bei Bankern als Schuldner nicht sehr beliebt (siehe auch Kapitel 4 »Frauen leben länger – aber wovon?«) und so bringt mehr als die Hälfte der Gründerinnen kein Eigenkapital in ihr Unternehmen ein. Nur 13, 5 Prozent investieren mehr als 25 000 Euro eigene Mittel. Ein Viertel der Unternehmerinnen klagte bei der DtA auch über Probleme mit den Banken bei den Kreditverhandlungen. Und so kommt es, dass Frauen mit einer knapperen Kapitaldecke starten als Männer: Sie gaben im Jahr 2000 durchschnittlich 35 000 Euro für ihre Gründung aus, 11 500 Euro weniger als Männer. Silvia Troska war bei ihrem ersten Geschäftstermin finanziell so in Nöten, dass sie sich von einer Freundin eine Feinstrumpfhose leihen musste. Trotzdem wurde sie 1999 als »Unternehmerin des Jahres« ausgezeichnet und macht heute 14 Millionen Euro Umsatz mit ihren Nagelpflegeserien Alessandro.[20]

Auch neigen Frauen dazu, aus lauter Vorsicht auf Wachstum zu verzichten. Elaine Warga-Murray gründete vor 15 Jahren mit ein paar Spargroschen und dem, was ihre Kreditkarte hergab, eine Immobilienbetreuungsgesellschaft in New Jersey. Mittlerweile setzt sie drei Millionen Dollar um, sagt aber: »Ich hätte viel schneller wachsen können, wenn ich Firmenanteile verkauft hätte«. Das ist typisch für die Frauen weltweit, wie eine Studie der Washingtoner Foundation for Women Business Owners belegt. Frauen wollen unabhängig bleiben und nehmen deswegen ungern Partner an Bord – auch wenn deren Wissen oder Finanzkraft sie deutlich weiterbringen würde. Dabei verpassen die Frauen nicht nur das Wachstum ihrer Firmen, sondern auch das ihrer Bankkonten. Im Gründerboom Ende der neunziger Jahre, als Beteiligungsgesellschaften, Venture-Capital-Geber und Anleger an den Börsen nur so mit dem Geld herumschmissen und selbst für die Beteiligung an fragwürdigen Geschäftsideen hohe Summen ausklinkten, sind viele männliche Gründer ziemlich reich geworden. Die Frauen dagegen haben ihren Wunsch, unabhängig zu bleiben teuer bezahlt: Der warme Regen ging an ihnen weitgehend vorbei.[21]

Aber der wichtigste Grund, warum es in Deutschland so wenig Unternehmensgründerinnen gibt, lautet: Es gibt so wenig Gründerinnen, weil es so wenig Gründerinnen gibt. Soll heißen: Den deutschen Frauen fehlen die Vorbilder. Und sie werden weiterhin fehlen, wenn nicht mehr Frauen den Sprung ins kalte Wasser wagen. Männer tun sich da in der Regel leichter – schon deswegen, weil viele Väter mit eigenen Geschäften haben. Leider werden Töchter auch in Unternehmerfamilien seltener als Söhne dazu ermuntert, über eine Selbstständigkeit nachzudenken, beklagt Jane Royston, Professorin für Unternehmertum und Innovation am Schweizer Bundesinstitut für Technologie.

Und Mütter mit eigenen Unternehmen sind ohnehin ziemlich selten. Susanne Veltins hatte eine. Dabei stand für die gelernte Bankkauffrau und Juristin erstmal gar nicht fest, dass sie die gleichnamige Brauerei auch in fünfter Generation weiterführen würde.

Eigentlich wollte sie nur mal unverbindlich schauen, ob der Job Spaß macht und ob sie auch die Qualifikation mitbringt, um eine moderne Privatbrauerei zu managen. Und dann starb die Mutter, die bislang die Geschäfte führte – und Susanne Veltins musste mit 34 Jahren den gesamten Laden übernehmen. Das Leitbild der eigenen Unternehmer-Mutter vor Augen machte es ihr leicht, sich auf ihr neues Dasein einzulassen.

Im Gegensatz zu Susanne Veltins wusste Marlis Harry immer, dass sie die Bäckerei, die ihre Familie seit 300 Jahren betreibt, weiterführen wollte. Zielsicher absolvierte sie eine entsprechende Lehre und stieg mit 19 in den Betrieb ein, ein Jahr später begann sie, auch unternehmerische Verantwortung zu übernehmen. 42 Jahre lang war Marlis Blohm-Harry in der Geschäftsführung, machte Harry-Brot zur Marke und baute neue Produktionsstätten auf und den ostdeutschen Markt. Heute noch sitzt sie im Beirat des Unternehmens.

Doch Veltins und Harry sind Ausnahmen. Und sie werden welche bleiben, fürchtet Jane Royston. Solange Mädchen nicht im gleichen Ausmaß wie Jungen dazu ermutigt werden, in die Geschäftswelt einzutreten, »werden wir nie so viele erfolgreiche Frauen sehen wie Männer«.[22] Auch hier liegt der Schwarze Peter offenbar bei den Erziehenden – und das sind meist die Mütter. Wer soll das ändern, wenn nicht sie?

12.
Wer, wenn nicht wir?
Plädoyer für die Selbstverantwortung

*»Wer wirklich leben will, fängt am besten
gleich damit an; wer das nicht will, kann's
ja bleiben lassen, doch stirbt er dann.«*

W. H. Auden

Ganz zum Schluss kommen wir wieder bei der Frage an, mit der dieses Buch begann: Was ist Glück? Was ein gelungenes Leben? Unter welchen Umständen erleben Menschen diesen schwebenden Zustand der Erfüllung, der uns alles andere vergessen lässt? Gehen wir noch mal zurück zu dem im Vorwort schon genannten Glücksforscher Mihaly Csikszentmihaly und seiner Definition von Glück als »Flow«. Das empfinden wir, wenn wir etwas gerne und gut tun und wenn die Aufgabe gerade so schwer ist, dass wir sie noch eben so hinkriegen. Überforderung und Kontrollverlust erleben nahezu alle Menschen als Stress. Glück dagegen ist, wenn wir völlig konzentriert und angestrengt in einer Aufgabe aufgehen, die uns interessiert und dabei positives Feedback kriegen. Dann ist kein Raum mehr im Bewusstsein für Gedanken und Gefühle, die nichts mit der Sache zu tun haben. Jede Gehemmtheit schwindet, wir fühlen uns stärker als gewöhnlich. Stunden vergehen wie Minuten, das ganze Sein einer Person verschmilzt mit der einen Aufgabe. Kurz: Jeder sollte soviel von diesem Gefühl in seinem Leben kriegen, wie irgend möglich, denn Glücksgefühle machen hübsch und halten jung und gesund.

Manche Frauen finden höchste Erfüllung im Zusammensein mit ihren Kindern. Sie tun gut daran, sich einen passenden Vater zu suchen und eine Familie zu gründen. Dazu kann man ihnen nur von Herzen gratulieren, denn die meisten Frauen wissen nicht so genau, was sie wollen vom Leben und sind tendenziell unzufrieden. Viele der gut ausgebildeten Frauen, von denen dieses Buch handelt, finden eine hauptberufliche Hausfrauen- und Erzieherinnenrolle allerdings nur ein paar Monate lang wirklich erfüllend, dann fühlen sie sich unterfordert und ein bisschen gelangweilt. Das ist nicht nur eine Behauptung von mir, sondern das Ergebnis von riesigen Reihenuntersuchungen. Die University of Chicago begann in den siebziger Jahren Tausende von Menschen mit einem Piepser auszurüsten, der sie zu willkürlichen Tageszeiten dazu auffordert, aufzuschreiben, was sie gerade machen, woran sie denken und mit wem sie zusammen sind. Danach bewerten die Probanden ihren Bewusstseinszustand in dem gegebenen Augenblick: wie glücklich, konzentriert und motiviert sie sind und wie hoch ihre Selbstachtung ist. Auf diese Weise lassen sich nicht nur die Tätigkeiten einer Person aufzeichnen, sondern auch die Stimmungsschwankungen, die mit ihnen verbunden sind. Im Lauf der Jahre haben die Forscher in Chicago mehr als 70 000 Selbstbeschreibungen gesammelt, andere Wissenschaftler rund um die Welt wiederholten diese Experimente und trugen eine unglaubliche Datenfülle zusammen. Leider kam dabei heraus, dass die häusliche Arbeit kaum etwas zum emotionalen Wohlbefinden der Menschen beiträgt. Kochen, Einkaufen, Familienangehörige chauffieren oder Kinder betreuen wird für die überwältigende Mehrheit der Menschen lediglich von durchschnittlichen Gefühlen begleitet. »Hingegen stellen das Putzen des Hauses, das Reinigen der Küche, die Wäsche zu versorgen, die Reparatur verschiedener Dinge im Haus und das Führen des Haushaltskontos für Frauen generell die negativsten Erfahrungen im Tagesverlauf dar«, so Csikszentmihaly, der all diese Daten gesammelt und ausgewertet hat.

Diese wissenschaftliche Erkenntnis wird von der ganz praktischen Alltagserfahrung bestätigt. Viele Hausfrauen finden ihr Schicksal eher beklagenswert. Ihre Männer dagegen sind häufig der Meinung, sie sollten sich nicht so anstellen, denn was gäbe es denn Schöneres, als den ganzen Tag zu Hause zu sein und sich die Zeit frei einteilen zu können? Auch die alten Philosophen hatten viel zu sagen über den Glanz der freien Tagesgestaltung, dabei hatten sie allerdings meist einen Feudalherren mit Ländereien und Sklaven im Auge. Der moderne Mensch dagegen erlebt die aufgezwungene Häuslichkeit in der Regel als einen gewaltigen Verlust an Selbstachtung und empfindet in dieser Situation häufig eine allgemeine innere Unruhe. Das besagen auch alle Umfragen unter Arbeitslosen: Selbst wenn sie durch Sozialversicherungssysteme finanziell ganz ordentlich abgesichert sind, bedeutet die Freiheit, daheim zu bleiben und sich den Tag selber einzuteilen, für sie keinen Segen, sondern eine gewaltige Last.

Wahrscheinlich liegt es auch daran, dass Frauen nach Csikszentmihalys Forschungsergebnissen ihre Berufstätigkeit als etwas wahrnehmen, dass sie tun wollen und nicht als etwas, das sie tun *müssen*. Sie finden die Arbeit außer Haus in der Regel sogar befriedigender als Männer – vermutlich weil sie die Alternative Hausfrauentum aus nächster Anschauung kennen.[1] Zu einem ähnlichen Ergebnis kommt übrigens auch die Geschlechterforscherin Shere Hite, die für ihre jüngste Studie *Männer und Frauen bei der Arbeit* beobachtet hat. Ihren Statistiken zufolge mögen 83 Prozent der Akademikerinnen ihre Arbeit, aber nur 67 Prozent der Akademiker.[2]

Dennoch bleiben viele deutsche Frauen und Mütter jahrelang zu Hause – trotz ihrer auch vielfach formulierten Unzufriedenheit mit der Situation. Die Gründe, die sie meist dafür anführen, lauten: 1. Kinder brauchen ihre Mutter. 2. Kinder, deren Mutter arbeitet, sind schlechter in der Schule. 3. Mein Mann ist beruflich so eingespannt, dass er keine Zeit hat für die Kinder. 4. Für mich übt auch die Hausfrau einen Beruf aus und zwar einen sehr schönen. 5. Ich weiß nicht, ob ich das alles schaffen kann. 6. Ich freue mich auf die gemeinsame Zeit mit den Kindern. 7. Ich werde meinen Beruf nicht vermissen. 8. Mein Mann ist für Kinderbetreuung völlig ungeeignet. 9. Karriere interessiert mich nicht. 10. Ich weiß nicht, wo ich die Kinder lassen soll.

Was den jungen Müttern dabei regelmäßig nicht auffällt: Die meisten dieser Argumente sind fremdbestimmt. Nicht die eigenen Bedürfnisse stehen im Vordergrund, sondern die der anderen.[3]

Csikszentmihalys Forschung macht uns jedoch klar: Unser persönliches Glück hängt vor allem mit dem zusammen, was wir im Leben tun. Und wer sollte das bestimmen? Wir selber oder die anderen? Nur wer wirklich findet, dass Hausfrau ein auch langfristig erfüllender Beruf ist, der auch die Segnungen des erlernten vergessen lässt, wer wirklich kein Interesse an Karriere hat und sich ausschließlich auf die Zeit mit den Kindern freut, sollte getrost zu Hause bleiben oder sich auf Teilzeit einlassen. Sind für eine Frau allerdings eher die anderen Statements aus der Zehn-Punkte-Liste von Belang, sollte sie die Entscheidung noch mal überdenken, dauerhaft auf eine eigene Karriere zu verzichten.

Aber was eine auch tut, sie sollte sich klar machen: Das Leben regnet in der Regel nicht auf uns herab, sondern ist die Folge unserer Vorstellungen und unserer Entscheidungen. Es ist schmerzlich festzustellen, dass die eigenen Lebensumstände vor allem mit einem selbst zu tun haben, besonders wenn sie gerade nicht besonders beglückend sind. Nicht »die Männer« oder »die Umstände« sind schuld an dem Leben, das wir führen. Meist waren wir selber die Verursacher unserer Lebenssituation. Gleichzeitig kann die Erkenntnis der eigenen Verantwortung aber auch sehr befreiend sein, denn Entscheidungen können revidiert werden. Es gibt immer mehr als eine Möglichkeit, mit den Dingen umzugehen. Veränderungen beginnen allerdings zunächst im eigenen Kopf.

Wenn sie also kein rundherum glückliches Muttertier sein sollten, fangen Sie am besten sofort damit an, die Bilder in Ihrem Geist zu überprüfen. Was zum Beispiel signalisiert die folgende Geschichte? Vater und Sohn verunglücken bei einem Autounfall. Der Vater stirbt, der Junge kommt mit einem schweren Schädeltrauma in die nächstgelegene Klinik. Was für ein Glück: Dort arbeitet eine Kapazität auf dem Gebiet der Hirnchirurgie. Doch die Koryphäe sagt: »Ich kann das Kind nicht operieren, der Junge ist mein Sohn«.

Die meisten Leute kommen erst nach einigem Nachdenken auf die Lösung: Ganz klar, der Chirurg ist eine Frau und die Mutter des

Patienten! Kaum einer stellt sich bei der Frage nach einem begnadeten Arzt spontan eine Frau vor.

Was ich damit sagen will: Die Realität in einer Gesellschaft wird weitgehend von den in ihr herrschenden Überzeugungen geprägt. Sie werden erlernt und durch die Generationen weitergegeben – so ähnlich wie kulinarische Vorlieben. Kleine Franzosen lernen früh, auch Weinbergschnecken zu essen, was in Deutschland selbst viele Erwachsene eklig finden. Kinder in Neuseeland lieben Marmite auf dem Pausenbrot – eine ziemlich salzige Paste, die für europäische Gaumen ungefähr so attraktiv schmeckt, wie geronnenes Maggi auf der Stulle. Deutsche essen Vollkornbrot, was viele Engländer ausgesprochen unbekömmlich finden und Japaner rohen Fisch, den ein Großteil der restlichen Menschheit für ungenießbar erklärt. Genauso wie wir als Kinder die Ernährungsgewohnheiten unserer Kultur annehmen, übernehmen wir zumindest in Teilen die Vorstellungen der Gesellschaft, in der wir aufwachsen.

Diese Vorstellungen haben große Macht. Sie formen zunächst unser Bild von der Wirklichkeit und schließlich die Realität selber. Weil wir *glauben,* ein ordentlicher Chirurg ist ein Mann, *sind* die ordentlichen Chirurgen zumeist Männer. Weil wir an ein Medikament glauben, hilft es uns auch, selbst wenn uns der Mediziner nur ein Placebo gegeben hat.

Solange Frauen *glauben,* sie seien ähnlich wie Behinderte eine besonders förderungswürdige Minderheit, *bleiben* sie im öffentlichen Leben eine Minderheit, die gefördert werden muss. Und solange 38 Prozent aller Befragten sagen »Ich wäre besorgt, wenn der Vorstand meiner Firma ausschließlich aus Frauen bestünde« und 18 Prozent sagen »ich würde ungern für so eine Firma arbeiten«, es aber niemand für merkwürdig erachtet, in einer Firma zu arbeiten, in der ausschließlich männliche Vorstände regieren, leben wir alle mit einer gewaltigen Schere im Kopf.[4] Weil wir *glauben,* Kindererziehung sei vor allem Aufgabe der Frau, ist es auch so. Weil wir *glauben* unser Mann sei zu beschäftigt, um sich mit seinen eigenen Kindern auseinanderzusetzen, ist es auch so. Weil wir *glauben,* Generaldirektoren laufen in Anzug und Krawatte herum, ist es auch so. Wenn jedoch wir *glauben*, dass der Vorstandsvorsitzende von Hewlett-Packard genauso gut Carly heißen kann wie Carl, wird es auch so. Carly Fiorina wollte den ranghöchsten Job bei Hewlett-Packard (HP) und bekam ihn auch, trotz des Handicaps, nie zuvor für ein Computerunternehmen gearbeitet zu haben. Sie überzeugte das männliche Spitzengremium mit dem Argument: Was ihr fehle, habe HP im Überfluss, nämlich hohe Computer-Expertise. Was sie mitbringe, brauche jedoch HP: Die strategische Vision für ein Weltunternehmen. Das beste an dieser Geschichte ist, dass sie nicht erfunden ist – und das zweitbeste: Sie zeigt, was alles passieren kann, wenn Frauen sich endlich von ihrer Bescheidenheit, Angst und Vorsicht verabschieden und ernsthaft den Weg antreten, sich die Hälfte der Welt zu nehmen.

Viele Frauen hängen jedoch erbittert an ihren erlernten Vorstellungen (siehe obige Liste 1. bis 10.), die Frauen zu Ehefrauen und Müttern mit maximal einem Teilzeitjob machen und Männer zum abwesenden Ernährer und Entscheider. So sagt zum Beispiel Elisabeth Eulenstein, die Geschäftsführerin der Aschaffenburger Impuls Training und Beratung, die Karrieretrainings für Frauen anbietet: »Mangelndes Selbstbewusstsein und Angst vor Veränderung sorgen dafür, dass die eine oder andere lieber in der wohligen Badewanne bleibt, anstatt in das kalte unbekannte Karriere-Gewässer einzutauchen. Das eigene Selbstverständnis auf den Prüfstand zu stellen, ist der erste wichtige Schritt, den karrierewillige Frauen unternehmen sollten«.[5]

Dabei beschreibt die »wohlige Badewanne« auch ein gerütteltes Maß an Bequemlichkeit: Wer die Macht und die damit verbundene Verantwortung erst gar nicht übernimmt, läuft auch nicht Gefahr, dieselben Fehler zu machen, wie die zuvor Herrschenden, die man über Jahre hingebungsvoll kritisiert hat. Denken Sie beispielsweise mal an die Grünen. Solange die aus der oppositionellen Randlage heraus die herrschenden Verhältnisse kritisieren konnten, war ihr politisches Leben vergleichsweise nett; seitdem sie Teil der Regierung sind, scheitern sie ähnlich oft und kläglich an den Sachzwängen, wie alle anderen politischen Gruppierungen auch. Um in diesem Bild zu bleiben: Viele Frauen leben als eine Art ewige außerparlamentarische Opposition. Sie sitzen mit Gleichgesinnten zusammen und beklagen die herrschenden Verhältnisse – so ähnlich wie die Fundamentalisten bei den Grünen. Das kann und wird auch noch lange so weitergehen. Denn das Mantra »Die lassen uns bloß nicht. Wenn wir regierten, wäre alles besser« verkörpert ein sicherlich attraktives Weltbild, das sich beliebig lange aufrecht erhalten lässt, weil es sich der kritischen Überprüfung durch die Realität ja gar nicht erst stellt. Egal ob »die« die Realos der eigenen Partei meint, die Gegner von der CDU oder SPD, oder ganz schlicht und allgemein »die Männer«.

Die Alternative zur wortreichen Larmoyanz ist allerdings sehr viel schmerzhafter. Sie heißt: Wer die Verhältnisse ändern will – persönlich in der eigenen Beziehung und/oder gesellschaftlich – dem wird nichts anderes übrig bleiben, als bei sich selbst und den eigenen Konzepten von der Wirklichkeit anzufangen. Und dem wird auch nichts anderes übrig bleiben, als sich wie ein Realo zu verhalten und sich endlich ernsthaft aufzumachen in die Institutionen und Unternehmen mit dem Versuch, sie von innen zu verändern. Natürlich holen wir uns dabei jede Menge blauer Flecken an Körper und Seele, denn in einer komplexen Gesellschaft ökonomisch oder politisch Verantwortung zu übernehmen, ist kein Spaziergang. Das beweist wieder das Beispiel von Carly Fiorina: Sie hat ihre persönliche Karriere davon abhängig gemacht, dass es ihr als HP-Vorstandsvorsitzende gelingt, den Computerhersteller Compaq zu übernehmen. Sollte sie damit scheitern, wird sie zurücktreten müssen. Das wird vermutlich schmerzhaft – und doch wieder ein Sieg, denn auch diese Konsequenz ist die Folge ihrer eigenen Entscheidungen.

Wer weiß, vielleicht kriegen wir deutschen Frauen ja auch nicht mehr zustande als die Realpolitiker von den Grünen. Trotzdem – fürchte ich – wäre die Bereitschaft, endlich Verantwortung zu übernehmen, der einzige Weg, wenn die Diskussion um die Geschlechterfrage nicht in den gegenwärtigen Schuldzuweisungen an die Männer stecken bleiben soll. Denn mal Hand aufs Herz: Wer soll die Frauen in der Gesellschaft repräsentieren, wenn die Frauen es selber nicht tun?

»Die Männer« sicher nicht, denn keiner gibt freiwillig Macht ab. Außerdem sind die bestehenden Verhältnisse, in denen sie den unangenehmen und anstrengenden Teil der Erziehung an ihre Frauen loswerden, vielen Männern auch ganz recht. Die Vorstellung, jede Woche von neuem diskutieren zu müssen, wer seine Dienstreise antreten kann und wer die Kids vom Kindergarten abholt, ist vielen Männern ein Gräuel. Vielen Arbeitgebern auch. Die Unternehmen freuen sich nicht gerade auf die Aussicht, plötzlich aktive Väter zu beschäftigen. Die würden dann nämlich ähnliche Kosten und Umstände machen wie die angestellten Mütter – nur auf wesentlich höherem Niveau. Das jedoch ist der einzige Weg zur Gleichberechtigung. Ein Weg, den übrigens die Britinnen, Däninnen, Französinnen oder Amerikanerinnen längst eingeschlagen haben. Marjorie Scardino ist die Vorstandsvorsitzende von Pearson, einem der größten Verlage in England, bei dem auch die *Financial Times* erscheint, Sari Baldauf führt den zweitgrößten Unternehmensteil beim finnischen Mobiltelefonhersteller Nokia mit sieben Milliarden Dollar Umsatz, Anne Lauvergeon ist die Chefin der französischen Atomindustrie und Maria Silvia Marques leitet Brasiliens größten Stahlkonzern. Pearson-Chefin Scardina bekam allerdings unlängst einen Wutanfall, als Carly Fiorinas Versuch, den Computerhersteller Compaq zu übernehmen, im Fernsehen mit den Worten kommentiert wurde: »Sie wird ihren ganzen Charme brauchen, um dieses Geschäft durchzuziehen«. Viele weibliche Bosse hassen es, wenn sie erwähnt werden, weil sie Frauen sind und hübsch dazu und nicht weil sie einen guten Job machen[6]. Und sie haben recht mit dieser Wut, weil dieses Lob nämlich irgendwie immer klingt wie: »Guck mal eine Frau. Und sie kann sogar denken!«.

Auch wir Frauen müssen die Fixierung auf unser Geschlecht aufgeben. Natürlich sind *wir* neun Monate lang schwanger und werden in der Regel stillen und das erste Jahr bei unserem Baby bleiben wollen. Aber danach? Was haben Eierstöcke und Testikel mit der Frage zu tun, wer zum Elternabend geht? Oder einen Stahlkonzern führt? Warum drehen wir den Spieß nicht um und fangen an, nicht »die Männer« zu kritisieren, sondern Forderungen an unsere eigenen zu stellen? Die Autorin Sabine Hildebrandt-Woeckel schlägt beispielsweise vor: Lassen Sie Ihren Partner aufschreiben, was alles für seine Berufstätigkeit spricht und welche Befriedigung er daraus zieht. Dann nehmen Sie den Zettel und machen bei allen Punkten einen Haken, die auch für Sie selber zutreffen. Und wenn sie das geklärt haben, machen Sie am besten noch einen Zettel, der den Alltag betrifft: Wer bleibt zu Hause, wenn das Kind krank ist? Wer paukt Mathe? Wer geht zum Kinderarzt? Wer macht die Wäsche? Wer kocht? Hildebrandt-Woeckel berichtet: »Das mag banal klingen, ist jedoch offenbar bitter nötig. Solange Frauen immer noch gute Miene zum bösen Spiel machen und ihren Männern den Rücken frei halten, schaden sie nicht nur der eigenen beruflichen Entwicklung. Sie festigen auch die traditionellen Weltbilder und fallen denjenigen Frauen in den Rücken, die selbst gerne die Karriereleiter erklimmen möchten«[7].

Und falls Sie Ihre Interessen nicht um Ihrer selbst willen oder für Ihre Schwester durchsetzen wollen: Tun Sie es Ihrer Tochter zuliebe. Denn sonst wird die nächste deutsche Generation erneut keine weiblichen Vorbilder vorfinden, aber dafür die alten Rollenmuster. Und der Kampf wird wieder von vorne anfangen, wie seinerzeit für die Mama und Oma.

Anmerkungen

Vorwort – Ein Buch über Erfüllung und Glück

1. Mihaly Csikszentmihalyi *Flow – Das Geheimnis des Glücks*, Klett-Cotta 1990 und derselbe *Lebe gut!* Klett-Cotta 1992

1. Die Nadel im Heuhaufen oder Warum Frauen so unsichtbar sind

1. Simone de Beauvoir *Das andere Geschlecht*, Rowohlt 1969
2. Martin Symonds *American Journal of Psychoanalysis*, 1976
3. Colette Dowling *Der Cinderella-Komplex oder die heimliche Angst der Frauen vor der Unabhängigkeit*, Fischer Taschenbuch 1984
4. Shere Hite *Sex & Business – Männer und Frauen bei der Arbeit*, Financial Times Prentice Hall 2000
5. *Financial Times Deutschland* vom 21.2.2000
6. *Rheinische Post* vom 8.5.2001
7. Sonja Bischoff *Männer und Frauen in Führungspositionen der Wirtschaft in Deutschland*, Wirtschaftsverlag Bachem 1999
8. *Süddeutsche Zeitung* vom 20.4.2001
9. *Die Welt* vom 12.2.2000
10. *Die Welt* vom 12.2.2000
11. *Financial Times Deutschland* vom 21.2.2000
12. *Süddeutsche Zeitung* vom 6.8.1998
13. Sonja Bischoff *Männer und Frauen in Führungspositionen der Wirtschaft in Deutschland*, Wirtschaftsverlag Bachem 1999
14. *Die Welt* vom 11.10.1999
15. *The Wall Street Journal* vom 26.6.2001
16. Eine europaweite Befragung von 1114 Frauen aus dem mittleren und oberen Management durch Liebermann Research Worldwide. Publiziert am 1.3.2001
17. *Der Spiegel* 9/1998
18. *Der Stern* 40/2001
19. Eine europaweite Befragung von 1114 Frauen aus dem mittleren und oberen Management durch Liebermann Research Worldwide. Publiziert am 1.3.2001
20. *Der Spiegel* 50/2000
21. *Rheinische Post* vom 8.5.2001
22. *Wirtschaftswoche* vom 18.1.2001
23. Patricia Aburdene und John Naisbitt *Megatrends: Frauen*, Econ Verlag 1993

24. *Financial Times Deutschland* vom 6.9.2000
25. *Handelsblatt* vom 4.12.2000
26. Sonja Bischoff *Männer und Frauen in Führungspositionen der Wirtschaft in Deutschland*, Wirtschaftsverlag Bachem 1999

2. Den Kopf nur für den Friseur?
Frauen wollen, lesen und lernen das Falsche

1. *The Economist* vom 18.7.1998
2. Sabine Hildebrandt-Woeckel *Karrierefalle Erziehungsurlaub*, Rowohlt Taschenbuch Verlag 1999
3. *Der Spiegel* 41/2001
4. *Wirtschaftswoche* 48/2000
5. Standord Gifted Child Study, beschrieben z.B. in Eleanor Maccoby *The Development of Sex Differences*, Stanford Press 1969
6. *Die Zeit* vom 19.4.2001
7. *Frankfurter Allgemeine Zeitung* vom 14.4.1999
8. *Fame 2000/2001* Verlagsgruppe Milchstraße
9. Zahlen des Statistischen Bundesamtes, zitiert nach: *Süddeutsche Zeitung* vom 14.2.2001
10. Institut der deutschen Wirtschaft, September 2000
11. Institut für Freie Berufe
12. *The Economist* vom 18.7.1998
13. Freizeit-Forschungsinstitut der Britisch American Tobacco im August 1999
14. *Der Spiegel* 10/1998
15. *werben & verkaufen* 45/2000

3. Macht ist eklig oder Die Angst der Frauen vor der Verantwortung

1. *Der Spiegel* 25/1999
2. Beth Milwid *Allein unter Männern*, Econ Verlag 1993
3. Max Weber *Soziologische Grundbegriffe*, Tübingen 1996
4. Daniel Goleman EQ 2. *Der Erfolgsquotient*, Carl Hanser Verlag 1999
5. Zur Staatslehre Platons siehe beispielsweise: Hans Joachim Störig *Kleine Weltgeschichte der Philosophie*, Fischer Taschenbuch Verlag 1992
6. Beth Milwid *Allein unter Männern*, Econ Verlag 1993
7. Ute Ehrhardt *Die Klügere gibt nicht mehr nach*, Krüger Verlag 2000
8. Shere Hite *Sex & Business – Männer und Frauen bei der Arbeit*, Financial Times Prentice Hall 2000
9. Janet Shibley/Hyde Rosenberg *Half the Human Experience: The Psychology of Wome«*, Lexington 1976
10. Colette Dowling *Der Cinderella-Komplex*, Fischer Taschenbuch 1984
11. Rotraut Perner *Lust Macht Mut*, Ueberreuter 2000
12. *Der Spiegel* 52/1998
13. *Welt am Sonntag* vom 4.11.2001
14. *Der Spiegel* 33/2001
15. *Handelsblatt* vom 8.9.1999
16. Francis Fukuyama *Das Ende der Geschichte: wo stehen wir?*, Kindler 1992
17. Barbara Ehrenreich »Fukuyama's Follies – So what if Women ruled the World?«, in *Foreign Affairs* Jan/Feb 1999
18. *Der Spiegel* 48/2001
19. Rüdiger Safranski *Nietzsche*, Carl Hanser Verlag 2000
20. Harriet Rubin *Machiavelli für Frauen. Strategie und Taktik im Geschlechterkampf*, Wolfgang Krüger Verlag 1998

21. Reinhard Kreissl *Die ewige Zweite,* Droemer Verlag 2000

22. *Der Spiegel* 29/2001

Exkurs 1: Geschichte

1. Gabriele Hoffmann *Frauen machen Geschichte,* Bastei Lübbe 1995

2. Martin Stankowski *Köln – Der andere Stadtführer,* Kiepenheuer & Witsch, Köln 1997

3. Gabriele Hoffmann *Frauen machen Geschichte,* Bastei Lübbe 1995

4. Vincent Cronin *Katharina die Große,* Piper Verlag 1996

5. Carola Stern, in: Hans Jürgen Schulz: *Frauen – Portraits aus zwei Jahrhunderten,* Kreuz Verlag 1981

6. Gabriele Hoffmann *Frauen machen Geschichte,* Bastei Lübbe 1995

7. Dorothee Sölle/Annette Kopetzki »Rahel Varnhagen«, in: Hans Jürgen Schultz: *Frauen – Portraits aus zwei Jahrhunderten,* Kreuz Verlag, 1981

4. Frauen leben länger – aber wovon? Die liebe Not mit dem Geld

1. Cornelia Heins *Männer spekulieren – Frauen investieren,* Heyne Verlag 2001

2. Bodo Schäfer/Carola Ferstl *Geld tut Frauen richtig gut,* mvg Verlag 1999

3. *Der Spiegel* 9/1999

4. *Die Welt* vom 23.10.1998

5. *Wirtschaftswoche* 4/2001

6. Gespräche V, Egon Zehnder International, 2001

7. Bodo Schäfer/Carola Ferstl *Geld tut Frauen richtig gut,* mvg Verlag 1999

8. Eva Döpinghaus *Was Frauen über Geld wissen sollten,* Goldmann Verlag 1996

9. Colette Dowling *Sterntaler – Wie Frauen mit Geld umgehen,* Fischer Verlag, 1998

10. Forsa-Umfrage unter 1002 20–30jährigen, Dezember 2000

11. *Süddeutsche Zeitung* vom 8.8.2001

12. *Financial Times Deutschland* vom 14.8.2001

13. Studie Wohnen + Leben von Gruner & Jahr, Dezember 2000

14. Colette Dowling *Sterntaler. Wie Frauen mit Geld umgehen,* Fischer Verlag 1998

15. Margaret Randall *The Price you pay,* Routledge 1966

16. Helma Sick *Wie frau sich bettet,* Piper Verlag 1999

17. Stand 2000, Angaben der Bundesversicherungsanstalt bfa in Berlin

18. Helma Sick *Wie Frau sich bettet,* Piper Verlag 1999

19. *Die Welt* vom 4.8.2001

20. Eva Döpinghaus *Was Frauen über Geld wissen sollten,* Goldmann Verlag 1996

21. Eva Döpinghaus *Was Frauen über Geld wissen sollten,* Goldmann Verlag 1996

22. *Handelsblatt* vom 7.9.2001

23. Svea Kuschel *Geld steht jeder Frau,* Heinrich Hugendubel Verlag 2001

5. Mein Gefühl sagt, dass das irgendwie richtig ist! Weibliches Verhalten im Privatleben

1. *Der Spiegel* 9/1998

2. Ute Ehrhardt *Die Klügere gibt nicht mehr nach,* Wolfgang Krüger Verlag, 2000

3. *Süddeutsche Zeitung* vom 25.7.2000

4. *Die Welt* vom 20.3.1999
5. *Elle* 11/2001
6. *Der Stern* 45/2001
7. *Glamour* 11/2001
8. *Der Spiegel* 30/2001
9. *Geo Wissen* Nr. 26, »Frau und Mann« 2001
10. *Geo Wissen* Nr. 26 »Frau und Mann« 2001
11. Esther Vilar *Der dressierte Mann*, dtv 1987
12. Karin Hertzer, Christine Wolfrum *Lexikon der Irrtümer über Männer und Frauen*, Eichborn Verlag 2001
13. *Fortune* vom 2.2.1998
14. Ute Ehrhardt *Die Klügere gibt nicht mehr nach*, Wolfgang Krüger Verlag, 2000
15. Monika Maron *Stille Zeile Sechs*, Fischer Taschenbuch Verlag 1991
16. *Der Spiegel* 27/2001
17. *Der Spiegel* 47/1999
18. *Geo Wissen* Nr. 26 »Frau und Mann« 2001
19. Katharina Rutschky *Emma und ihre Schwestern*, Carl Hanser Verlag 1999
20. *Die Welt* vom 15. 8. 2001
21. *Geo Wissen* Nr. 26 »Mann und Frau«

Exkurs 2: Biologie

1. *Der Spiegel* 34/2001
2. *Der Stern* 38/2001
3. *Der Spiegel* 41/2001
4. *Der Stern* 38/2001

6. Wo bitte bleibt der Frauenbonus? Weibliches Verhalten im Job

1. *Der Spiegel* 52/1998
2. *Neue Zürcher Zeitung* vom 16.8.2000
3. *Frankfurter Rundschau* vom 4.5.2001
4. *Der Stern* 38/2001
5. *Die Welt* vom 23.4.2001
6. *Der Spiegel* 10/1998
7. *Lebensmittelzeitung* vom 16.6.2000
8. *Die Zeit* vom 16.9.1999
9. *Süddeutsche Zeitung* vom 25.7.2000
10. Harriet Rubin *Machiavelli für Frauen. Strategie und Taktik im Geschlechterkampf*, Wolfgang Krüger Verlag 1998
11. *Vogue Business* Herbst/Winter 2001
12. *The Wall Street Journal* vom 7.3.2001
13. Doris Dörrie *Was machen wir jetzt?*, Diogenes 1999
14. Deborah Tannen, *Harvard Business Revue*, September/Oktober 1995
15. *Geo Wissen* Nr. 26 »Frau und Mann« 2001
16. *Wirtschaftswoche* 4/2001
17. *Die Welt* vom 17.7.2000
18. *Die Welt* vom 11.10.1999
19. *Schwäbische Zeitung* vom 24.7.2001
20. *Die Woche* vom 7.1.2000
21. *Der Spiegel* 10/1998
22. *Vogue Business* Herbst/Winter 2001
23. *Der Spiegel* 47/1999
24. Studie von Liebermann Research Worldwide für The Wall Street Journal und Arthur Andersen, März 2001
25. *The Wall Street Journal* vom 7.3.2001
26. *Der Spiegel* 52/1998
27. *Die Tageszeitung* vom 9.10.1999
28. Shere Hite *Sex & Business – Männer und Frauen bei der Arbeit*, Financial Times Prentice Hall 2000
29. *Der Spiegel* 47/1999
30. *Süddeutsche Zeitung* vom 25.7.2000
31. *Der Spiegel* 47/1999
32. Shere Hite *Sex & Business – Männer und Frauen bei der Arbeit*, Financial Times Prentice Hall 2000
33. *Die Woche* vom 7.1.2000
34. *Wirtschaftswoche* 4/2001

35. zum Beispiel *Die Zeit* vom
16.9.1999

Exkurs 3:
Shere Hite über
»Sex & Business«

1. *Der Spiegel* 50/2001
2. Shere Hite *Sex & Business – Männer
und Frauen bei der Arbeit,* Financial
Times Prentice Hall 2000

7. Die Kö-Schlampe oder
Wer ist hier eigentlich
die Intelligentere?

1. Martin Walser *Der Lebenslauf der
Liebe,* Suhrkamp Verlag 2001
2. Esther Vilar *Der dressierte Mann,*
Deutscher Taschenbuchverlag,
München 1987
3. Karin Hetzer, Christine Wolfrum
*Lexikon der Irrtümer über Männer
und Frauen,* Eichborn Verlag 2001
4. *Die Zeit* vom 8.11.2001

8. Die Mutterkreuz-
philosophie oder
Ein Kind braucht
seine Mutter!

1. *Der Spiegel* 29/2001
2. *Geo Spezial* Nr. 26, »Frau & Mann«
2001
3. *Geo Spezial* Nr. 26 »Frau & Mann«
2001
4. *Frankfurter Rundschau* vom 4.5.2001
5. *Der Spiegel* 34/2001
6. Barbara Stanny *Märchenprinzen
warten nicht,* Conzett Verlag 1999
7. *Der Stern* 10/2001
8. Karin Hertzer, Christine Wolfrum
*Lexikon der Irrtümer über Männer
und Frauen,* Eichborn 2001
9. *Der Spiegel* 47/1999

10. *Wirtschaftswoche* 4/2001
11. *Süddeutsche Zeitung* vom 25.7.2000
12. Esther Vilar *Das Ende der Dressur.
Modell für eine neue Männlichkeit,*
Deutscher Taschenbuchverlag 1987
13. *Frankfurter Allgemeine Zeitung* vom
15.5.2001
14. *Der Stern* 10/2001
15. *Der Stern* 45/2001
16. *Vogue Business* Herbst/Winter 2001
17. *Der Spiegel* 47/1999
18. Zitiert nach Bodo Schäfer, Carola
Ferstl *Geld tut Frauen richtig gut,*
mvg-Verlag 1999
19. *Der Spiegel* 47/1999
20. Bodo Schäfer, Carola Ferstl *Geld tut
Frauen richtig gut,* mvg-Verlag 1999
21. *Frankfurter Rundschau* vom 23.10.
2001
22. *Der Stern* 10/2001
23. *Der Spiegel* 29/2001
24. *Der Stern* 10/2001
25. *Vogue Business* Herbst/Winter 2001
26. *Die Welt* vom 5.7.2001
27. *Financial Times Deutschland*
vom 7.3. 2001
28. *Der Spiegel* 47/1999
29. *Der Spiegel* 29/2001
30. Barbara Vinken *Die deutsche Mutter.
Der lange Schatten eines Mythos,*
Piper Verlag 2001
31. Sonja Bischoff *Männer und Frauen
in Führungspositionen der Wirtschaft
in Deutschland,* Wirtschaftsverlag
Bachem 1999
32. *Cash* vom 9.11.2001
33. *Die Zeit* vom 8.11.2001
34. *Vogue Business* Herbst/Winter 2001
35. *Die Welt* vom 23.4.2001
36. *Die Woche* vom 1.6.2001
37. Esther Vilar *Das Ende der Dressur.
Modell für eine neue Männlichkeit,*
Deutscher Taschenbuchverlag 1987

9. Der Schwachsinn mit der Quote oder Frauen und Politik

1. *Wirtschaftswoche* 30/2001
2. *Der Spiegel* 42/2001
3. *Der Spiegel* 52/1998
4. *Der Spiegel* 10/1998
5. *Der Spiegel* 26/1997
6. Reinhard Kreissl *Die ewige Zweite*, Droemer Verlag 2000
7. *Frankfurter Allgemeine Zeitung* vom 2.11.2001
8. *Die Woche* vom 1.6.2001
9. *The Wall Street Journal* vom 15.12. 1999
10. IAB Kurzbericht vom 12.4.2001
11. *Der Stern* 10/2001
12. *Time* vom 10.4.2000
13. *Kölner Stadtanzeiger* vom 5.12.2001
14. *Kölner Stadtanzeiger* vom 29.12.2001
15. *Frankfurter Allgemeine Zeitung* vom 15.5.2001
16. *Time* vom 10.4.2000
17. *Wirtschaftswoche* 4/2001
18. Sabine Hildebrandt-Woeckel *Karrierefalle Erziehungsurlaub*, Rowohlt 1999
19. *Frankfurter Allgemeine Zeitung* vom 15.5.2001
20. Sabine Hildebrandt-Woeckel *Karrierefalle Erziehungsurlaub*, Rowohlt 1999
21. *Neue Zürcher Zeitung* vom 29.12. 2000
22. *Süddeutsche Zeitung* vom 25.7.2000
23. *The Economist* vom 19.7.1998
24. GQ 8/2001
25. IAB Kurzbericht vom 12.4.2001
26. *Der Stern* 10/2001
27. Mihaly Csikszentmihalyi *Lebe gut!*, Klett-Cotta 1999
28. *The Economist* vom 18.7.1998
29. *Frankfurter Allgemeine Zeitung* vom 15.5.2001
30. *Wirtschaftswoche* 31/1998
31. Sabine Hildebrandt-Woeckel *Karrierefalle Erziehungsurlaub*, Rowohlt 1999
32. *Frankfurter Allgemeine Zeitung* vom 29.12.2000
33. *Der Spiegel* 1/2002
34. *Süddeutsche Zeitung* vom 19.1.2002

10. Das schwache Geschlecht: Männer!

1. *The Wall Street Journal* vom 7.3.2001
2. *Der Spiegel* 36/2001
3. *Der Spiegel* 37/1998
4. *Welt am Sonntag* vom 4.11.2001
5. *Der Spiegel* 36/2001
6. *Der Spiegel* 37/1998
7. *Der Spiegel* 36/2001
8. *GQ* 8/2001
9. *The Economist* vom 10.7.1999
10. Warren Farrell *Mythos Männermacht*, Verlag Zweitausendeins 1995

11. Bossa nova? Wenn Frauen managen, sind sie oft richtig gut

1. *Die Zeit* 49/2001
2. *Business Week* vom 27.11.2000
3. Robert Kabacoff »Gender Differences in Organizational Leadership«, *Management Research Group*, Portland, Maine, 1998
4. *Compact* 12/2000
5. *Financial Times Deutschland* vom 21.2.2000
6. *Der Spiegel* 47/1999
7. *Manager Magazin* 5/2000
8. *Welt am Sonntag* vom 25.2.2001
9. *Wirtschaftswoche* 4/2001
10. Robert Kabacoff »Gender and Leadership in the Corporate Boardroom«, *Management Research Group*, Portland, Maine, 2000

11. Hildegard Macha »Frauen und Macht – die andere Stimme in der Wissenschaft«, in: *Aus Politik und Zeitgeschichte* vom 22.5.1998
12. Barbara Schaeffer-Hegel »Politikerin als Beruf«, in: *Aus Politik und Zeitgeschichte* vom 22.5.1998
13. Dorothea Assig, Andrea Beck: »Was hat sie, das er nicht hat?«, in: *Aus Politik und Zeitgeschichte* vom 22.5.1998
14. *Wirtschaftswoche* 4/2000
15. *Manager Magazin* 5/2000 und *Financial Times Deutschland* vom 10.10.2001
16. *The Wall Street Journal* vom 20.11.2000
17. *Die Welt* vom 15.3.2000
18. *Financial Times Deutschland* vom 10.10.2001
19. *Neue Zürcher Zeitung* vom 16.8.2000
20. Stefan Baron, Julia Leendertse *Kreative Zerstörer*, Verlagsgruppe Handelsblatt 2001
21. *Wall Street Journal* vom 28.2.2001
22. *Handelsblatt* vom 16.3.2001

12. Wer, wenn nicht wir? Plädoyer für die Selbstverantwortung

1. Mihaly Csikszentmihaly *Lebe gut!*, Klett-Cotta 1999
2. Shere Hite *Sex & Business – Männer und Frauen bei der Arbeit*, Financial Times Prentice Hall 2000
3. Sabine Hildebrandt-Woeckel *Karrierefalle Erziehungsurlaub*, Rowohlt 1999
4. Shere Hite *Sex & Business – Männer und Frauen bei der Arbeit*, Financial Times Prentice Hall 2000
5. *Lebensmittelzeitung* vom 16.6.2000
6. *Fortune* vom 15.10.2001
7. Sabine Hildebrandt-Woeckel *Karrierefalle Erziehungsurlaub*, Rowohlt 1999

Literatur

Ausgewählte Bücher

Aburdene, Patricia/John Naisbit: *Megatrends: Frauen*, Econ Verlag, Düsseldorf, 1993

Anker, Richard *Gender and Jobs – Sex segregation of occupations in the World*, International Labor Office, Genf, 1998

Asgodom, Sabine/Hermann Scherer *Jetzt komm ich! – Wie Frauen durch Marketing in eigener Sache nach oben kommen*, mvg-Verlag, Landsberg/Lech, 2001

Baron, Stefan/Leendertse, Julia *Kreative Zerstörer – 100 deutsche Gründergeschichten*, Verlagsgruppe Handelsblatt, Düsseldorf, 2001

Bischoff, Sonja *Männer und Frauen in Führungspositionen der Wirtschaft in Deutschland – Neuer Blick auf alten Streit*, Wirtschaftsverlag Bachem, Köln, 1999

The Catalyst Guide *Advancing Women in Business – Best Practices from Corporate Leaders*, Jossey-Bass Publishers, 1998

Cronin, Vincent *Katharina die Große*, Piper Verlag, München, 1996

Csikszentmihalyi, Mihaly *Flow – Das Geheimnis des Glücks*, Klett-Cotta, Stuttgart, 1999

Csikszentmihalyi, Mihaly *Lebe gut! Wie Sie das Beste aus Ihrem Leben machen*, Klett-Cotta, Stuttgart, 1999

Dirie, Waris *Wüstenblume*, Schneekluth, München, 1998

Döbler, Thomas *Frauen als Unternehmerinnen – Erfolgspotenziale weiblicher Selbständiger*, Deutscher Universitäts Verlag, 1998

Literatur

Dörpinghaus, Eva *Was Frauen über Geld wissen sollten*, Goldmann Verlag, München, 1996

Dowling, Colette *Der Cinderella-Komplex – Die heimliche Angst der Frauen vor der Unabhängigkeit*, Fischer Taschenbuch Verlag, Frankfurt, 1984

Dowling, Colette *Sterntaler – Wie Frauen mit Geld umgehen*, S. Fischer Verlag, Frankfurt, 1998

Ehrhardt, Ute *Die Klügere gibt nicht mehr nach – Frauen sind einfach besser*, Krüger Verlag, Frankfurt, 2000

Farrell, Warren *Mythos Männermacht*, Zweitausendeins, Frankfurt, 1995

Goleman, Daniel *EQ 2. Der Erfolgsquotient*, Carl Hanser Verlag 1999

Hein, Carola *Männer spekulieren, Frauen investieren*, Wilhelm Heyne Verlag, 2001

Hertzer, Karin/Christine Wolfrum *Lexikon der Irrtümer über Männer und Frauen*, Eichborn Verlag, Frankfurt, 2001

Hildebrandt-Woeckel, Sabine *Karrierefalle Erziehungsurlaub*, Rowohlt Taschenbuch Verlag, Reinbek, 1999

Hite, Shere *Sex & Business – Männer und Frauen bei der Arbeit*, Financial Times Prentice Hall, München, 2000

Hoffmann, Gabriele *Frauen machen Geschichte*, Gustav Lübbe Verlag, Bergisch-Gladbach, 1991

Huber, Angelika *Existenzgründung für Frauen*, mvg-Verlag, Landsberg/Lech, 1999

Kreissl, Reinhard *Die ewige Zweite – Warum die Macht den Frauen immer eine Nasenlänge voraus ist*, Droemer Verlag, München, 2000

Kuschel, Svea *Geld steht jeder Frau*, Heinrich Hugendubel Verlag, München, 2001

Milwid, Beth *Allein unter Männern – Beruflich engagierte Frauen sprechen über Macht, Sexualität und Moral*, Econ Verlag, Düsseldorf, 1993

Perner, Rotraud *Lust Macht Mut – Ein Strategiehandbuch für Frauen*, Verlag Carl Ueberreuter, Wien, 2000

Rubin, Harriert *Machiavelli für Frauen. Strategie und Taktik im Geschlechterkampf,* Wolfgang Krüger Verlag 1998

Schäfer, Bodo und Carola Ferstl *Geld tut Frauen richtig gut,* mvg-Verlag, Landsberg/Lech 1999

Schultz, Hans Jürgen (Hg.) *Frauen – Portraits aus zwei Jahrhunderten,* Kreuz Verlag, Stuttgart, 1981

Sick, Helma *Wie frau sich bettet – Wege zu Wohlstand im Alter,* Piper Verlag, München, 1999

Stanny, Barbara *Märchenprinzen warten nicht. Sieben Schritte zur finanziellen Unabhängigkeit,* Conzett Verlag, Zürich, 1999

Vilar, Esther *Der dressierte Mann, Das polygame Geschlecht, Das Ende der Dressur,* (Neuausgabe in einem Band) Deutscher Taschenbuch Verlag, München, 1987

Vinken, Barbara *Die deutsche Mutter. Der lange Schatten eines Mythos,* Piper Verlag, München, 2001

Ausgewählte Artikel

Assig Dorothea und Beck Andrea: »Was hat sie, das er nicht hat«, in: *Aus Politik und Zeitgeschichte* vom 22.5.1998

Barth, Ariane et al: »Der öffentliche Sex« (Serie), *Der Spiegel* 50, 51, 52 1998

Beyer, Susanne und Marianne Wellershoff »Comeback der Mutter«, *Der Spiegel* 29/2001

Bierach, Barbara »Hälfte des Himmels«, *Wirtschaftswoche* 48/2000

Bierach, Barbara »Cherches la Femme«, *Wirtschaftswoche* 4/2001

Böhmer Reinhold »Luxus Kind«, *Wirtschaftswoche* 31/1998

Economist »For Better or Worse – A Survey of Women and Work«, *The Economist* 18.7.1998

Ehrenreich, Barbara «Fukuyama's Follies«, *Foreign Affairs* Jan/Feb 1999

Gronwald, Silke «Stunde der Frauen«, *Manager Magazin* 5/2000

Guyon, Janet «The Power of Fifty«, *Fortune* 15.10.2001

Literatur

Jester, Tom »Gefallene Helden«, *Geo Wissen* Nr. 26 »Frau & Mann« 2001

Kucklick, Christoph »Neuer Mann – was nun?«, *Geo Wissen* Nr. 26 »Frau & Mann« 2001

Künast, Renate »Mit der Quote am Ende«, *Der Spiegel* 52/1998

Macha, Hildegard »Frauen und Macht – die andere Stimme in der Wissenschaft«, in: *Aus Politik und Zeitgeschichte* vom 22.5.1998

Morris, Betsy »It's her job too«, *Fortune* vom 2.2.1998

Piel, Edgar »Sture Böcke, eitle Zicken«, *Geo Wissen* Nr. 26 »Frau & Mann« 2001

Röhl, Wolfgang »Ein Zwist, der nie zu Ende geht«, *Der Stern* 38/2001

Sharpe, Rochelle »As Leaders, Women rule«, *Business Week* vom 27.11.2000

Supp, Barbara und Kneip, Ansbert et al »Bilanz im Geschlechterkampf« (Serie), *Der Spiegel* 9 und 10 1998

Supp, Barbara »Die Emanzipation der Frau«, *Der Spiegel* 9/1999

Supp, Barbara und Susanne Weingarten et al »Die heimliche Revolution«, *Der Spiegel* 25/1999

Tannen, Deborah »The Power of Talk«, *Harvard Business Review* Sep/Oct 1995

Traufetter, Gerald et al »Medizin für Männer – Power ohne Ende«, *Der Spiegel* 36/2001

Weber, Andreas «Die kleinen Verführer«, *Geo Wissen* Nr. 26 »Frau & Mann« 2001

Weingarten, Susanne und Marianne Wellerhoff »Fordert, was ihr kriegen könnt«, *Der Spiegel* 47/1999

Daneben Hunderte von kürzeren Artikeln und Kommentaren aus *Elle, Business Vogue, Financial Times Deutschland, Glamour, Frankfurter Allgemeine Zeitung, Frankfurter Rundschau, Handelsblatt, Kölner Stadtanzeiger, Lebensmittelzeitung, Manager Magazin, Neue Zürcher Zeitung, Süddeutsche Zeitung, Time, The Wall Street Journal, Die Welt, Die Welt am Sonntag, Wirtschaftswoche, Die Woche, Der Spiegel, Der Stern, taz, Die Zeit.*

Register

Register

Register

Y